ゴマフアザラシ　およそ30年

ベーリング海、オホーツク海、日本海など北のほうの海で暮らす。ゴマのような黒や灰色のはん点がある

ハクトウワシ　およそ20～30年

北アメリカの海ぞいで暮らす白い頭が特ちょうのワシ。アメリカ合衆国の国鳥でもある

プレーリードッグ　およそ5～12年

リスのなかまで、北アメリカのかんそうした平原に暮らしている。イヌのように「キャンキャン」と鳴く

カツオ　およそ8～10年

世界中の暖かな海にすみ、大きな群れをつくって泳いでいる。泳ぐことで海中の酸素をエラに集め、呼吸している

北アメリカ大陸

ガラパゴスゾウガメ　100年以上

ガラパゴス諸島にだけすんでいる大きなリクガメ。サボテンなどの植物をたべる

マッコウクジラ　およそ70年

18メートルにもなる大きなクジラで、世界中の海にすんでいる。1000メートルも海にもぐり、イカを食べている

ヘラクレスオオカブト　およそ1年

中南米にすむ世界最大のカブトムシ。大きいものでは16センチメートルをこえるものもいる

南アメリカ大陸

ナマケモノ　およそ10～15年

南アメリカにすむ世界一動きのおそいほ乳類。木の上で暮らし、木の葉や実を食べる

キーウィ　およそ20～30年

ニュージーランドで暮らす飛べない鳥。森にすみ、夜に行動する。ミミズや幼虫などを食べる

ふしぎ？ふしぎ！

〈時間〉ものしり大百科

③ 感じる〈時間〉
生き物のからだと時間

山口大学 時間学研究所 監修

藤沢 健太・井上 愼一 著

ミネルヴァ書房

ふしぎ？ ふしぎ！

〈時間〉ものしり大百科 ③ 感じる〈時間〉 生き物のからだと時間

はじめに

地球上に生命が誕生したのは、今からおよそ38億年前だと考えられています。生き物は、それからとても長い時間をかけて、たくさんの種類に進化（→ p.6〜7）していきました。

現在、地球上にはさまざまな生き物が暮らしています。小さな生き物もいれば、大きな生き物もいます。そして、その生き物たちがすごす一生の時間（→ p.12〜13）もさまざまです。

また、多くの生き物は、まるで時間がわかるかのような行動をすることがあります。明け方に「コケコッコー」と鳴くニワトリや、ある季節になると「わたり」を始めるハクチョウなどです。生き物に時間がわかるのでしょうか？

ヒトと時間の関係についての研究は、まだ始まったばかりといえますが、時差ぼけ（→ p.26〜29）がおよぼすからだへの影響など、さまざまなことがわかってきました。

このように、生き物と時間の関係にはふしぎなことがたくさんあります。そんなふしぎの数かずをこれから見ていきましょう。

この本の見方

このページで解説する内容です。

しくみなどをよりくわしく説明しています。

木の年齢と年輪
縄文杉
ブリストルコーンパイン
木の年齢「樹齢」

生き物の進化と時間
樹齢がわかる「年輪」
アンドリュー＝エリコット＝ダグラス

大きなイラストと文章で、わかりやすく解説しています。

このページに関係する人物を紹介しています。

もくじ

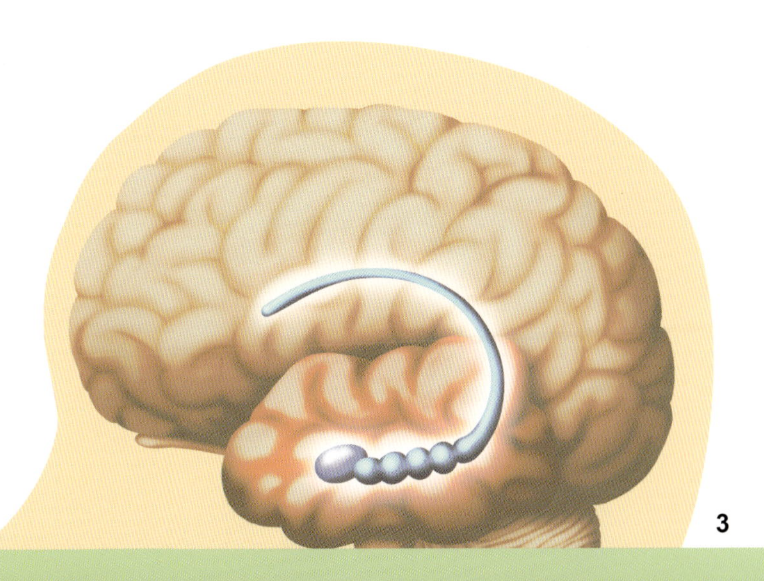

「生き物」はいつ生まれたの？

最初の生命は、熱水噴出孔のある高温なところで生まれたと考えられている。熱水噴出孔とは、地中にしみこんだ水がマグマ*によって熱せられたことにより、ふき出しているところで、硫化水素などが多くふくまれている

＊マグマ：高温のためにとけた岩石

最初の生き物は、遺伝子*を膜でつつんだだけの単純なものだった。遺伝子によって、自分と同じものをつくることができた

＊遺伝子：生き物が親から子へ伝える形や特ちょうのもとになるもの。遺伝子の情報を伝えるものに、DNA（デオキシリボ核酸）やRNA（リボ核酸）がある

※イラストは約38億年前の地球の想像図

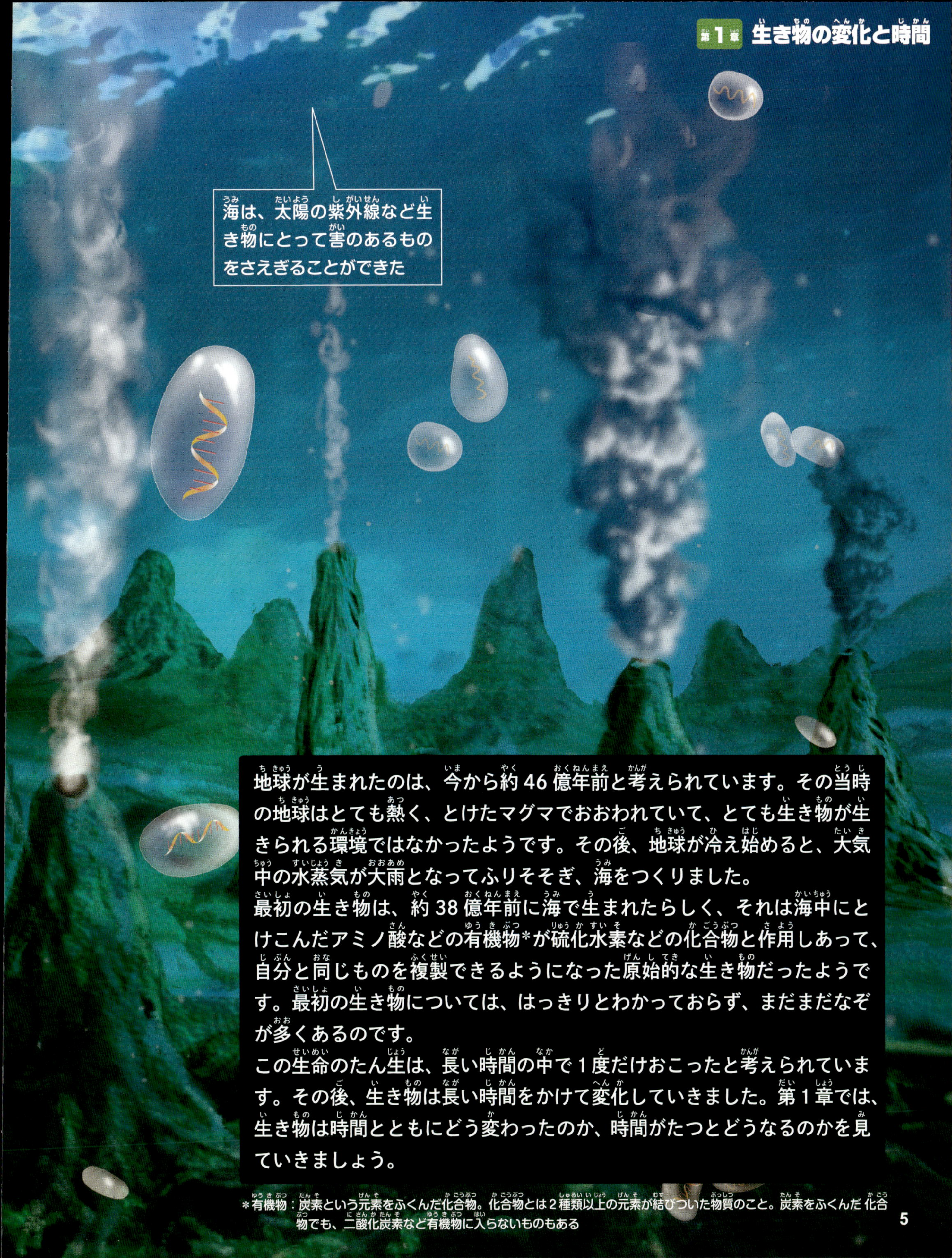
海は、太陽の紫外線など生き物にとって害のあるものをさえぎることができた

地球が生まれたのは、今から約46億年前と考えられています。その当時の地球はとても熱く、とけたマグマでおおわれていて、とても生き物が生きられる環境ではなかったようです。その後、地球が冷え始めると、大気中の水蒸気が大雨となってふりそそぎ、海をつくりました。

最初の生き物は、約38億年前に海で生まれたらしく、それは海中にとけこんだアミノ酸などの有機物*が硫化水素などの化合物と作用しあって、自分と同じものを複製できるようになった原始的な生き物だったようです。最初の生き物については、はっきりとわかっておらず、まだまだなぞが多くあるのです。

この生命のたん生は、長い時間の中で1度だけおこったと考えられています。その後、生き物は長い時間をかけて変化していきました。第1章では、生き物は時間とともにどう変わったのか、時間がたつとどうなるのかを見ていきましょう。

＊有機物：炭素という元素をふくんだ化合物。化合物とは2種類以上の元素が結びついた物質のこと。炭素をふくんだ化合物でも、二酸化炭素など有機物に入らないものもある

生き物の進化と時間

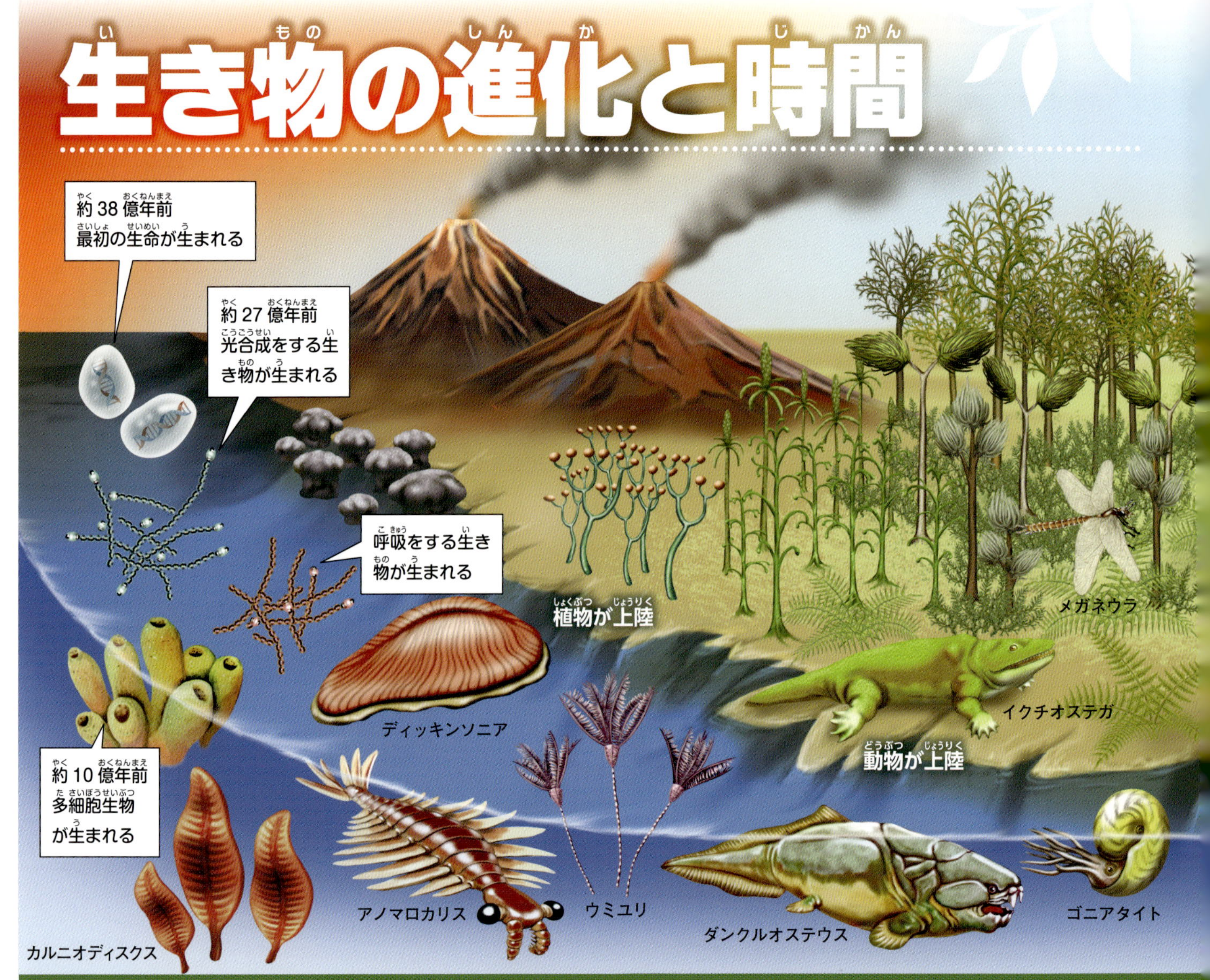

約38億年前
最初の生命が生まれる
約27億年前
光合成をする生き物が生まれる
呼吸をする生き物が生まれる
植物が上陸
メガネウラ
ディッキンソニア
イクチオステガ
動物が上陸
約10億年前
多細胞生物が生まれる
アノマロカリス
ウミユリ
ダンクルオステウス
ゴニアタイト
カルニオディスクス
古生代（約5億4200万年前のカンブリア紀から）

長い時間をかけた生き物の変化

約38億年前、海で生まれた最初の生き物は、遺伝子を膜でつつんだだけの単純なものでしたが、約27億年前には、光合成*によって酸素を大気中に出す生き物が生まれたようです。すると、その酸素を利用してエネルギーをつくる生き物もあらわれました。

たん生してから長い時間、１つの細胞でできた単細胞生物だけだった生き物ですが、10億年くらい前から、たくさんの細胞からできている多細胞生物があらわれます。約５億4200万年前のカンブリア紀になると、アノマロカリスという怪物のような大きな生き物が海を泳いでいました。

海で生活していた光合成を行う生き物によって、大気の酸素が多くなってくると、太陽の紫外線と酸素が作用して、オゾン層ができあがりました。このオゾン層は、有害な太陽の紫外線などを吸収します。このように地上でも生き物

*光合成：光と二酸化炭素、水分を用いて、酸素をつくり出すこと

ケツァルコアトルス
ハーストイーグル
ほ乳類が栄える
ディプロドクス
恐竜が栄える
アウストラロピテクス
エダフォサウルス
エオラプトル
ティラノサウルス
ウインタテリウム
ウタツサウルス
プレシオサウルス
アウロフィセター
中生代（約2億5100万年前の三畳紀から）
新生代（約6550万年前の古第三紀から）

が生活できる環境ができると、まず植物が陸地にあらわれ、やがてそれを追って動物が陸地に出現しました。

中生代のジュラ紀からは、本格的に恐竜の時代になります。しかし、その恐竜が約6550万年前にいん石の衝突によっておこったとされる気候変動で絶滅すると、ほ乳類*の時代がやってきました。

このように生き物は複雑な変化をとげ、つぎつぎと枝分かれするように、数えきれない種類の生き物に進化*してきました。多くの種類は絶滅してしまいましたが、今生きている生き物は、すべて過去の生き物の遺伝子を引きついでいます。生き物は、ときにきびしくなる地球環境のなか、ゆっくりと長い時間をかけて進化してきましたが、このおそろしいほど長い進化の時間こそが、さまざまな種類の生き物を生み出したといえるのです。

*ほ乳類：体温を調節しほぼ一定に保つことができる動物。ヒトやイヌなどのなかま
*進化：生き物が世代をへるごとにおこす変化。遺伝子の情報が正確に複製されないことでおこる

時代を読み解く化石

新生代	第四紀（約 258 万年前〜）	ヒトが出現した時期で、「人類の時代」とも呼ばれる。現代に近い生き物が暮らしていた
新生代	新第三紀（約 2300 万年前〜）	乾燥した気候となり、森林にかわって草原が増えた。ほ乳類の進化も進み、さまざまな種類があらわれた
新生代	古第三紀（約 6550 万年前〜）	恐竜が絶滅したため、かわりに大きなほ乳類が栄えた。植物は被子植物*が栄え始めた
中生代	白亜紀（約 1 億 4550 万年前〜）	パンゲア大陸が分裂し、大陸は現在に近い形となった。暖かい気候で、恐竜がもっとも栄えた時代
中生代	ジュラ紀（約 1 億 9960 万年前〜）	暖かく、雨の量も多かった。動物も植物も巨大になり、陸上では大型恐竜が栄えた
中生代	三畳紀（約 2 億 5100 万年前〜）	気候は暖かく、乾燥していた。恐竜などがあらわれた
古生代	ペルム紀（約 2 億 9900 万年前〜）	「パンゲア大陸」という大きな大陸ができ、単弓類*やは虫類*が栄えた。植物では裸子植物*が栄えた
古生代	石炭紀（約 3 億 5920 万年前〜）	陸にはシダ植物*の森が広がり、昆虫や両生類*が栄えた。単弓類や原始的なは虫類があらわれた
古生代	デボン紀（約 4 億 1600 万年前〜）	魚類*が栄えたため「魚の時代」と呼ばれる。後期には両生類があらわれ、生き物が海から陸へと上がり始めた
古生代	シルル紀（約 4 億 4370 万年前〜）	もっとも古い陸上の植物があらわれ、水中の動物が陸に上がる環境が整い始めた
古生代	オルドビス紀（約 4 億 8830 万年前〜）	南半球に「ゴンドワナ大陸」という大陸があった
古生代	カンブリア紀（約 5 億 4200 万年前〜）	すべての生き物が海で暮らしていた。生き物の種類が急激に増える「カンブリアの爆発」がおこった

原生代・始生代

*被子植物：花びらのある花をさかせ、種子で増える
*裸子植物：花びらのない花をさかせ、種子で増える
*単弓類：ほ乳類の祖先
*シダ植物：花をさかせずに胞子で増える
*は虫類：気温によって体温が変化する。ヘビなどのなかま

示準化石と示相化石

時代がわかる示準化石

特定の時代にしかいなかった生き物の化石は、その地層がいつの時代のものかを教えてくれる。セラタイトという生き物の化石があった地層は三畳紀、ティラノサウルスという生き物の化石があった地層は白亜紀だと考えられる。これらは「示準化石」と呼ばれる

白亜紀を生きたティラノサウルスの化石

三畳紀を生きたセラタイトの化石

浅くて暖かい海に暮らすサンゴの化石

環境がわかる示相化石

その地層ができた時代の環境を教えてくれる化石を「示相化石」という。たとえば、サンゴは浅くて暖かい海にすんでいるため、サンゴの化石が見つかった地層は、その当時、浅くて暖かい海だったと考えられる

化石でわかる地質年代

地球の表面の層をつくる岩石のなかに、「堆積岩」というものがあります。堆積岩は、砂や泥、火山灰などが海や湖の底など地球の表面に積み重なってできた岩石です。この堆積岩は、うすい板状に広がり重なった「地層」をつくっています。

堆積岩によってできる地層は、下にあるものほど古く、上にいくほど順に新しくなっていきます。地層は地球の記録テープともいえ、さまざまなことを教えてくれます。地層の中にうもれている生き物の化石もその情報の１つです。生き物が死ぬと、その死がいは砂や泥にうもれて、やわらかい部分は分解されますが、殻や骨、歯などのかたい部分は化石となります。

人類の文明が始まる前の時代を「地質年代」といいます。地層から発見された大むかしの生き物の化石を調べることで、その地層がいつの地質年代のものか、どんな環境だったのか、知ることができるのです。

*両生類：体表にウロコがなくヌメヌメしている。カエルなどのなかま　*魚類：えらをもち、ほとんどは水中で暮らす

木の年齢と年輪

縄文杉
樹齢 2000 年以上
雨が多い屋久島はスギが大きく成長する環境で、縄文杉は幹周りが 16.4 メートルもある。樹齢は 7200 年などさまざまな説があるが、2000 年以上は生きている
ブリストルコーンパイン
樹齢 4000 年以上
ブリストルコーンパインは、乾燥した土地で、しかも冬になるととても寒く、雪にうもれるきびしい環境で生きている。成長はおそいがとても長生きで、古いものは樹齢 4800 年ほどもある

木の年齢「樹齢」

生き物は時間とともに年をとっていきます。草花には、アサガオのように種から成長して花がさき、かれるまでの時間が 1 年以内である「1 年草」がいますが、何年もかれずに生きる「多年草」もいます。タンポポは多年草で、長いものだと 10 年以上生きます。

木は草花よりも、ずっと長生きをします。木の年齢のことを「樹齢」といいますが、どんぐりの実をつけるコナラは、樹齢 80 年ほども生きます。大きく成長した木では、樹齢が 1000 年をこえてくるものもいて、鹿児島県の屋久島に生きる「縄文杉」と呼ばれる大きなスギの木は、樹齢 2000 年以上です。

世界に目を向けてみると、アメリカのカリフォルニア州に「ブリストルコーンパイン」というとても長生きの木がいます。この種類の木は、樹齢 4000 年をこえるものが十数本もいて、もっとも長生きなものは、樹齢がおよそ 4800 年もあります。

木は長い時間をかけて成長しているのです。

樹齢がわかる「年輪」

木の幹は時間とともに成長する。木の皮の下には、新しい細胞をつくり出しているところがあり、外側へ向かって成長するが、成長の度合いは季節によってちがう。春から夏にかけて大きく成長するが、秋から冬にかけてはほとんど成長しない。成長している間は色がうすく、成長していない期間は色がこくなるため、輪のような模様ができる。この輪を「年輪」といい、年輪は1年に1つできるため、年輪の数を数えると、その木の樹齢がわかる

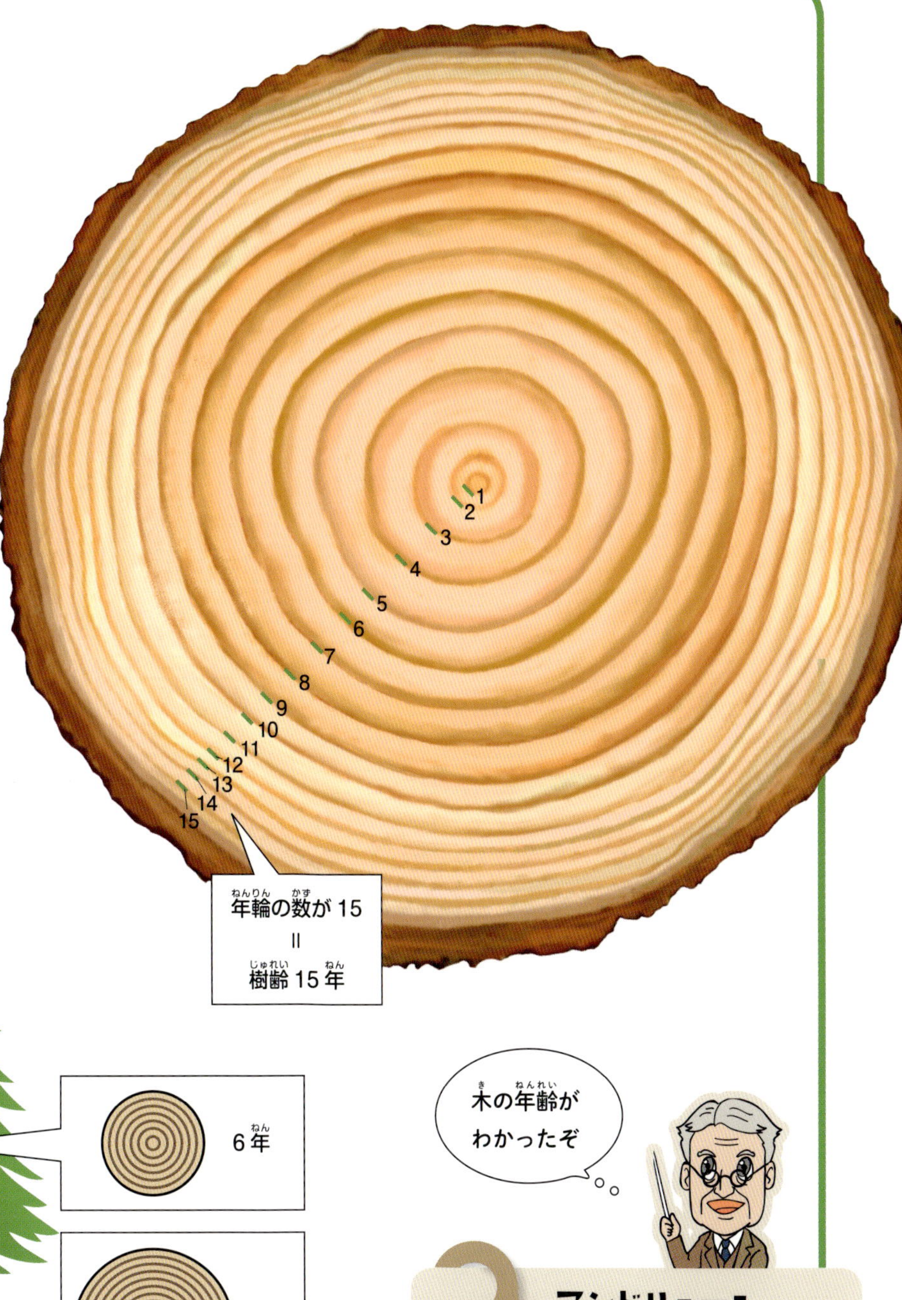

1
2
3
4
5
6
7
8
9
10
11
12
13
14
15
年輪の数が15
||
樹齢15年
6年
10年

年輪は縦にのびながら、横に大きくなる。そのため、木の下の方を切らないと、正しい樹齢を知ることができない

木の年齢がわかったぞ

考えたのはどんな人?

アンドリュー＝エリコット＝ダグラス

(1867～1962年)

アメリカの天文学者。年輪を数えることで、その木の樹齢がわかることを発見した。また、乾燥した年は年輪のはばがどれもせまくなっていることに気づき、年輪からその年の気候がわかることも発見した

生き物の一生と時間

1年10か月ほど、
お母さんのおなかの
中で成長する
産まれたときの
体重は100キロ
グラムほど
アフリカゾウ
の一生
寿命約60～80年
2～3歳ごろまでは、お母さんの
乳を飲んで成長する
3歳ぐらいからは、
自分で木の葉や草
を食べて成長する
12～13歳ほどでおとなになって、
子どもをつくれるようになる

生き物によってちがう一生

命の時間の長さを「寿命」といい、寿命はそれぞれの生き物によってちがいます。たとえばアフリカゾウは、病気などにならなければ80年近く生きることがありますが、ハツカネズミは3年ほどで死んでしまいます。アフリカゾウとハツカネズミは大きさもかなりちがいます。オスのアフリカゾウは大きいものだと7500キログラムにもなりますが、ハツカネズミは20グラムほどです。野生動物は大きな動物ほど、長く生きることが多いようです。

生き物は1年1年、時間がたつにつれて変わっていきます。アフリカゾウの赤ちゃんは、1年10か月ほどのあいだは、お母さんのおなかの中で成長します。そして、体重約100キログラムで産まれてきます。産まれてきた赤ちゃんは、おばあさんがリーダーのメスばかりの群

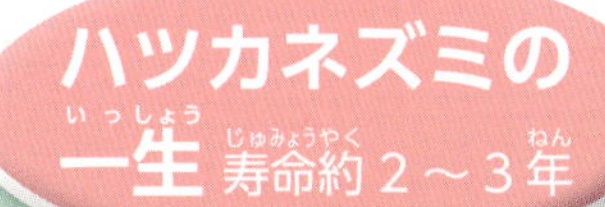
ハツカネズミの
一生 寿命約2～3年

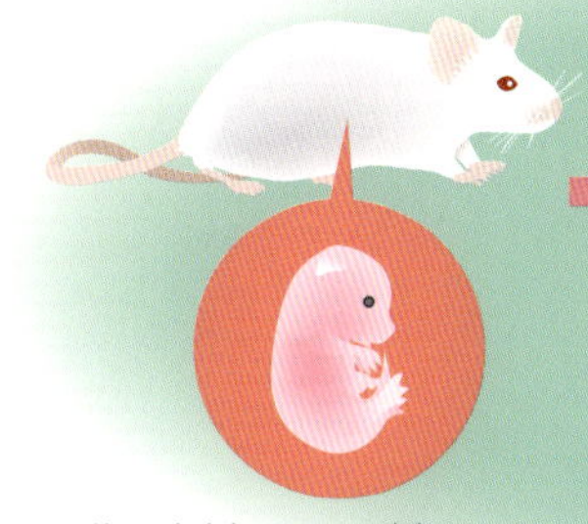

20日間ほどお母さんのおなかの中で成長する

産まれたときの体重は1グラムほどで、8～12ひき産まれる

3週間ほどお母さんの乳を飲んで成長する

産まれてから50日ほどで、子どもをつくれるようになる

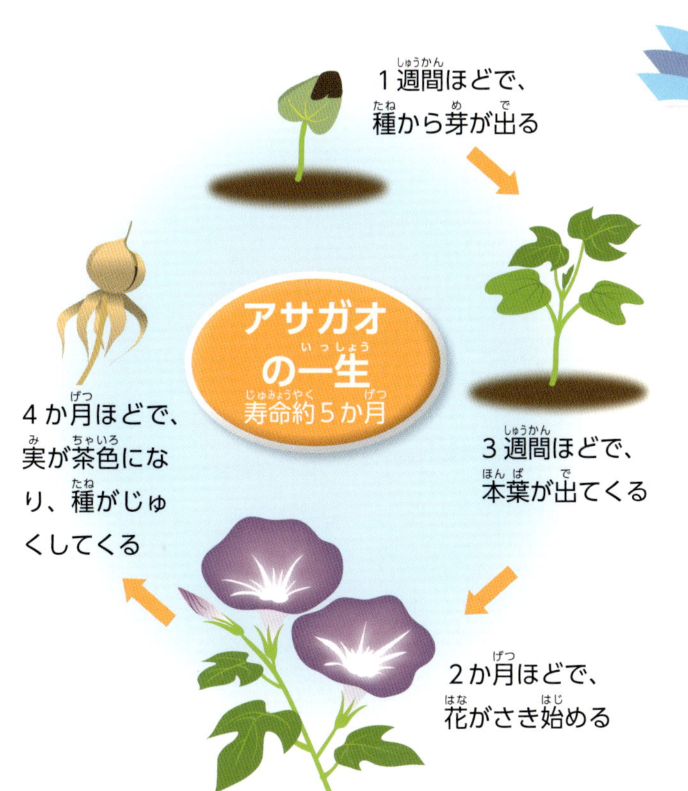
アサガオ
の一生
寿命約5か月
1週間ほどで、
種から芽が出る
3週間ほどで、
本葉が出てくる
2か月ほどで、
花がさき始める
4か月ほどで、
実が茶色になり、種がじゅくしてくる

ひとやすみ

寿命がない生き物？

プラナリアという平らな生き物は再生する力が高い。からだを切っても死なず、切られたからだは再生して増えるだけである。このプラナリア、じつは寿命がない。成長して大きくなったプラナリアは、自分でからだをちぎって2ひきに増え、それからまた成長するのである。

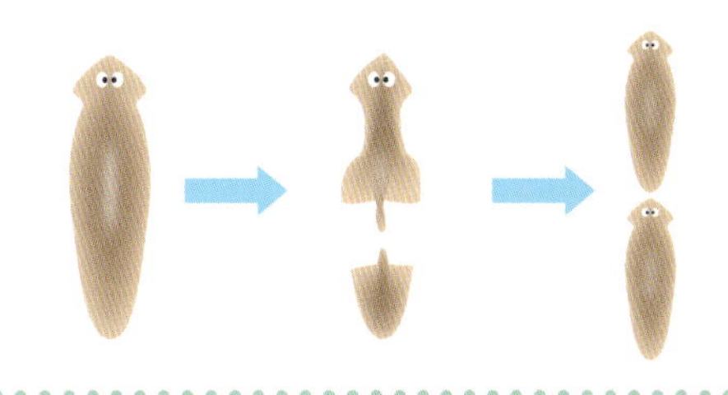

れで、守られながら大きくなります。2～3歳ごろまでは、お母さんの乳を飲みますが、そのあとは木の葉や草などを食べてすごします。12～13歳ほどでおとなのゾウになり、オスの場合は12～16歳ごろに群れから出て、単独で生活するようになります。そして、子どもをつくるときだけ、群れに近づき、自分の子どもを残すのです。

生きる時間である寿命が長いアフリカゾウなどの生き物は、ゆっくりと時間をかけておとなになりますが、寿命が短い生き物は、すぐにおとなになります。3年ほどしか生きられないハツカネズミは、産まれてから50日くらいで子どもを残すことができるようになります。

このように、生き物によって生きる時間やおとなになる速さはちがっているのです。

アサガオは
朝になると
花をさかせる
ホタルは夜になると、
いっせいに光り始める
第2章
生き物が感じる時間
「生き物」は
時間がわかるの？
ニワトリは夜明けの時刻に
「コケコッコー」と鳴く

ハクチョウは、秋に北からやって来て、春になると帰って行く

花や鳥、昆虫などの生き物は、時計を見ても時間はわかりません。しかしこれらの生き物は、まるで時間を知っているかのような動きをすることがあります。

アサガオは朝になると花をさかせ、午後にしぼんでしまいます。そして、つぎの日の朝にまた花をさかせます。ニワトリが「コケコッコー」と鳴くのは、決まって夜明けの時刻です。ホタルは夜になると、いっせいに光り始めます。

これらは、「太陽の光や気温などを感じて行動している」と想像することができますが、ほんとうにそれだけでしょうか？

ハクチョウやツルなどのわたり鳥は、秋に北から南へわたって来て、春になると北へ帰って行きますが、気温だけで判断して行動しているとは思えません。このようなわたり鳥が「わたり」を始めるのは、まだ寒くなる前なのです。

第２章では、なぜ生き物は時間がわかるのかを見ていきましょう。

生き物がもつ体内時計

ニワトリの実験

温度や明るさを一定に保った部屋にニワトリを移す

ニワトリは夜明けの時刻に「コケコッコー」と鳴き始める

ホタルの実験

まっ暗の部屋にホタルを移す

夜になるとホタルは光り始める

1日のリズムをつくる「体内時計」

ニワトリが夜明けの時刻に「コケコッコー」と鳴くのは、太陽が出てきたからだけではありません。ホタルが夜になると、いっせいに光り始めるのは、太陽がしずんだからだけではありません。ニワトリは太陽がのぼる前から鳴き出しますし、ホタルは太陽がしずんでおよそ1時間後に光り始めます。

こんな実験があります。温度や明るさが一定で、まったく環境の変化がない部屋にニワトリを移しても、ニワトリは夜明けの時刻に「コケコッコー」と鳴き始めました。また、1日中まっ暗な部屋にホタルをおいても、ホタルは夜の時間になると光り始めたのです。

じつは、生き物は自分のからだの中に1日の時刻をはかるしくみをもっているのです。このしくみを「体内時計」といいます。体内時計は、

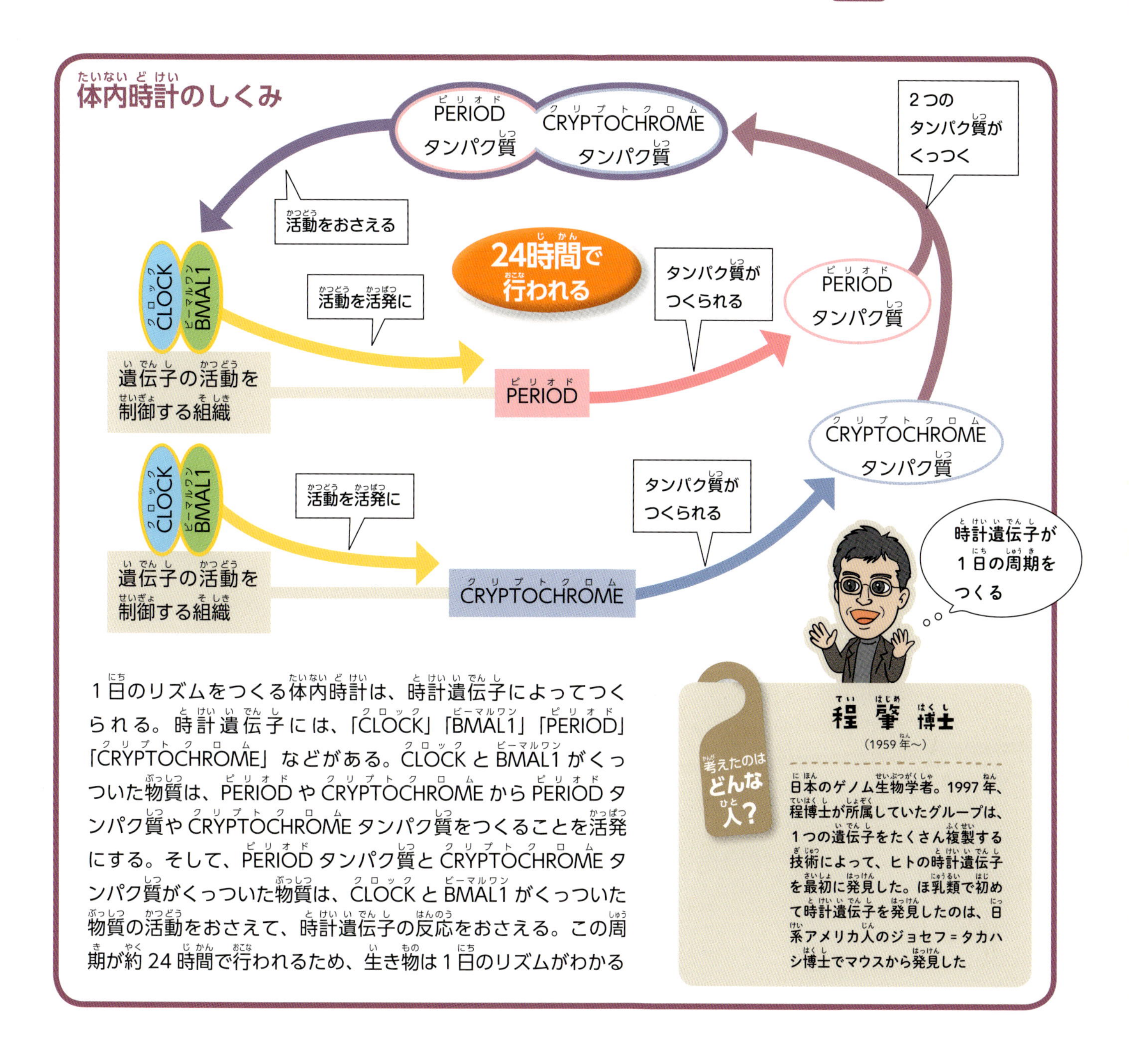

体内時計のしくみ
PERIOD タンパク質
CRYPTOCHROME タンパク質
2つのタンパク質がくっつく
活動をおさえる
24時間で行われる
CLOCK
BMAL1
活動を活発に
タンパク質がつくられる
PERIOD タンパク質
遺伝子の活動を制御する組織
PERIOD
CRYPTOCHROME タンパク質
CLOCK
BMAL1
活動を活発に
タンパク質がつくられる
時計遺伝子が1日の周期をつくる
遺伝子の活動を制御する組織
CRYPTOCHROME
1日のリズムをつくる体内時計は、時計遺伝子によってつくられる。時計遺伝子には、「CLOCK」「BMAL1」「PERIOD」「CRYPTOCHROME」などがある。CLOCK と BMAL1 がくっついた物質は、PERIOD や CRYPTOCHROME から PERIOD タンパク質や CRYPTOCHROME タンパク質をつくることを活発にする。そして、PERIOD タンパク質と CRYPTOCHROME タンパク質がくっついた物質は、CLOCK と BMAL1 がくっついた物質の活動をおさえて、時計遺伝子の反応をおさえる。この周期が約 24 時間で行われるため、生き物は1日のリズムがわかる
考えたのはどんな人？
程肇博士
(1959 年〜)
日本のゲノム生物学者。1997 年、程博士が所属していたグループは、1つの遺伝子をたくさん複製する技術によって、ヒトの時計遺伝子を最初に発見した。ほ乳類で初めて時計遺伝子を発見したのは、日系アメリカ人のジョセフ＝タカハシ博士でマウスから発見した

バクテリア（細菌）などのつくりが単純な生き物を除けば、植物も動物もヒトも、ほとんどすべての生き物がもっています。

生き物の設計図ともいわれる遺伝子の中に、「時計遺伝子」と呼ばれるものがいくつかあります。それらの時計遺伝子がおこす反応を、活発にしたりおさえたりすることで、1日のリズムがつくられます。この1日のリズムをつくるしくみは、からだのすべての細胞の中にあります。

それでは、この体内時計のしくみはどうやってつくられたのでしょう？　生き物は長い時間をかけた進化のあいだ、地球の自転*による1日の周期の変化の中ですごしてきました。明るくなり暗くなるという1日の周期がくり返されるなか、体内時計のしくみは生き物の細胞に取りこまれて、つくりあげられていったのです。

*自転：星が自分で回転する運動。地球は1回転がちょうど1日となる

体内時計と太陽コンパス

生き物は１年の周期もわかる

ほとんどの生き物は１日の時刻をはかるしくみをもっています。そのため、１日の周期はわかります。それでは、１年という周期もわかるのでしょうか？

ハクチョウやツルなどのわたり鳥は、秋に北から南へわたって来て、春になると北へ帰って行きます。しかも、秋に南へわたるのは、まだ寒くなる前です。そのため、気温で判断しているとは思えません。いつも１年の同じころにわたりを始めるということは、季節の変化、つまり１年の周期がわかっているということです。

じつは、わたり鳥は１日の周期がわかることから、１日に太陽が出ている時間、つまり昼間の長さを感じることができます。そうすると、季節によって昼間が長くなったり、短くなったりすることを感じることができるのです。ハクチョウやツルなどのわたり鳥は、昼間の時間が短くなってきたことを感じることで、もうすぐ冬になることを予測できると考えられています。そのため、いつも１年の同じころにわたりを始めることができるのです。

昼間の時間が短くなってきた。もうすぐ南へ移動しなきゃ

昼間の長さが変化することを手がかりにして、わたり鳥は季節の変化を予測することができる

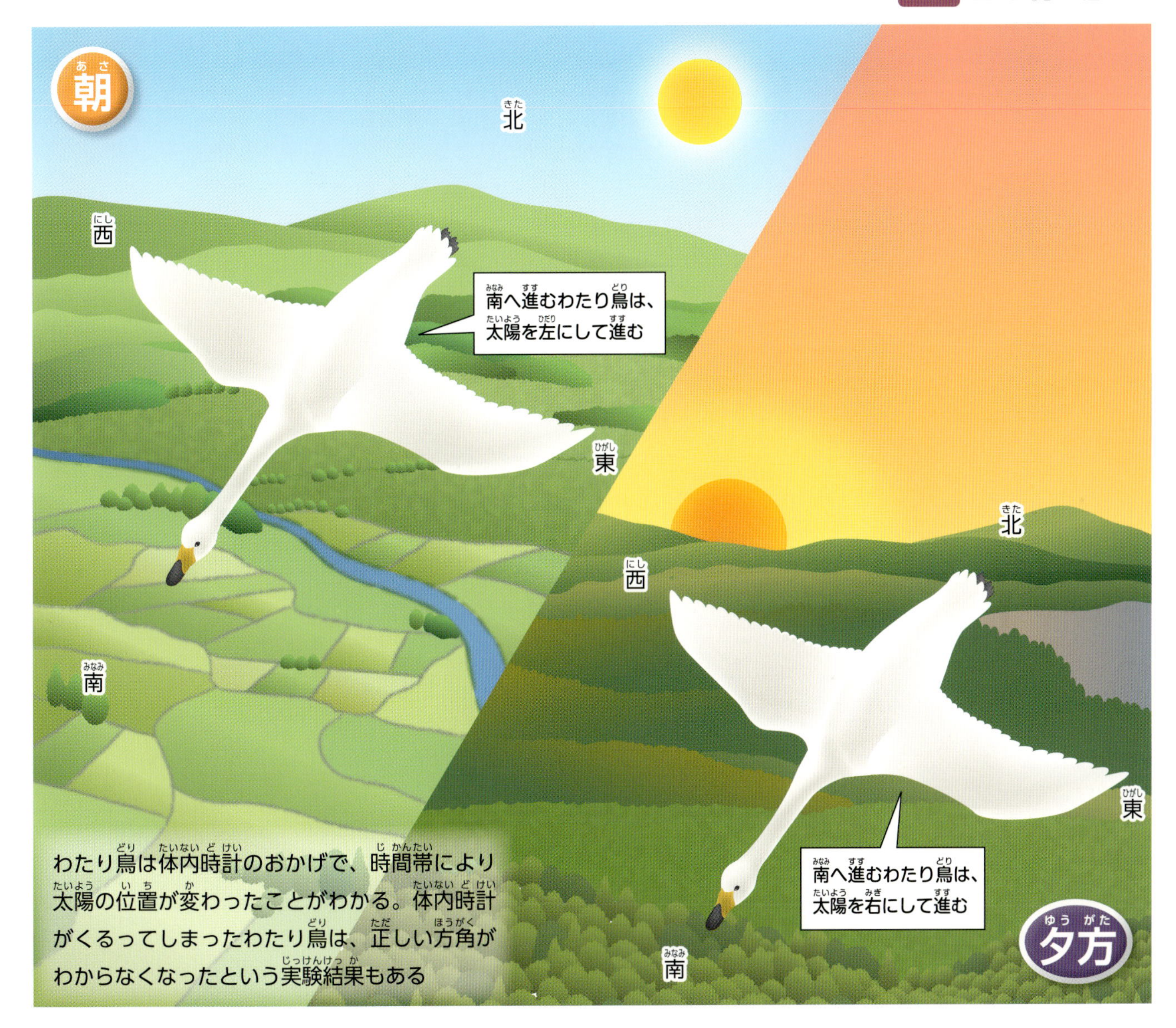
朝
北
西
南へ進むわたり鳥は、
太陽を左にして進む
東
南
北
西
東
南へ進むわたり鳥は、
太陽を右にして進む
南
夕方
わたり鳥は体内時計のおかげで、時間帯により太陽の位置が変わったことがわかる。体内時計がくるってしまったわたり鳥は、正しい方角がわからなくなったという実験結果もある

太陽コンパスをいかす体内時計

わたり鳥は北や南などさまざまな方角に向かって移動しますが、これは何を目印にして進んでいるのでしょう？　じつは、わたり鳥は太陽の位置を目印にして進んでいるのです。このことを「太陽コンパス」といいます。

ところが、太陽は朝、東の空からのぼって、夕方は西へしずみます。朝と夕方では太陽の位置がちがうのです。たとえば南へ向かうとき、朝、左にある太陽を目印に飛べば、南へ向かいますが、そのまま太陽を左にして進み続けると、夕方には北へ向かって進むことになってしまいます。しっかり南へ進むには、朝は太陽を左にして進み、夕方には太陽を右にして進まなければいけません。

わたり鳥は、体内時計をもっているため、1日の時間を知っています。そして、時間帯によって、太陽の位置が変化することを知っています。そのため、わたり鳥は、太陽の位置から方角を知ることができるのです。

生き物がもつ特有の時間

ハツカネズミの時間
ハツカネズミは0.1秒で1回、心臓がドキンと打つ
ハツカネズミは0.4秒で1回、息をスーハーと出し入れする
ハツカネズミは短い時間のなかで、数多く心臓を動かし、たくさん呼吸をしている。人間の感覚だとハツカネズミの寿命は短いが、その中身はつまっている。ハツカネズミはハツカネズミの時間のなかで生きている

生き物によって、時間の感じ方はちがう

地球上には、さまざまな大きさの生き物がすんでいます。アリのような小さな生き物から、クジラのような大きな生き物まで、その大きさにはたいへんな差があります。それらの生き物の寿命は、例外はありますが大きな生き物ほど長くなります。たとえば、アフリカゾウは80年近く生きることができますが、ハツカネズミは3年ほどで死んでしまいます。これを聞いて、3年しか生きられないハツカネズミのことをかわいそうだと思いますか？

ハツカネズミはちょこまかと素早く動いていますが、アフリカゾウの動きはとてもゆったりしています。また、ハツカネズミは50日くらいでおとなになりますが、アフリカゾウがおとなになるまでには、12～13年もかかります。なんだかハツカネズミは大急ぎで、アフリカゾウはゆっくりと一生をすごしているようです。

「一生のあいだに心臓がドキンと打つ回数は、

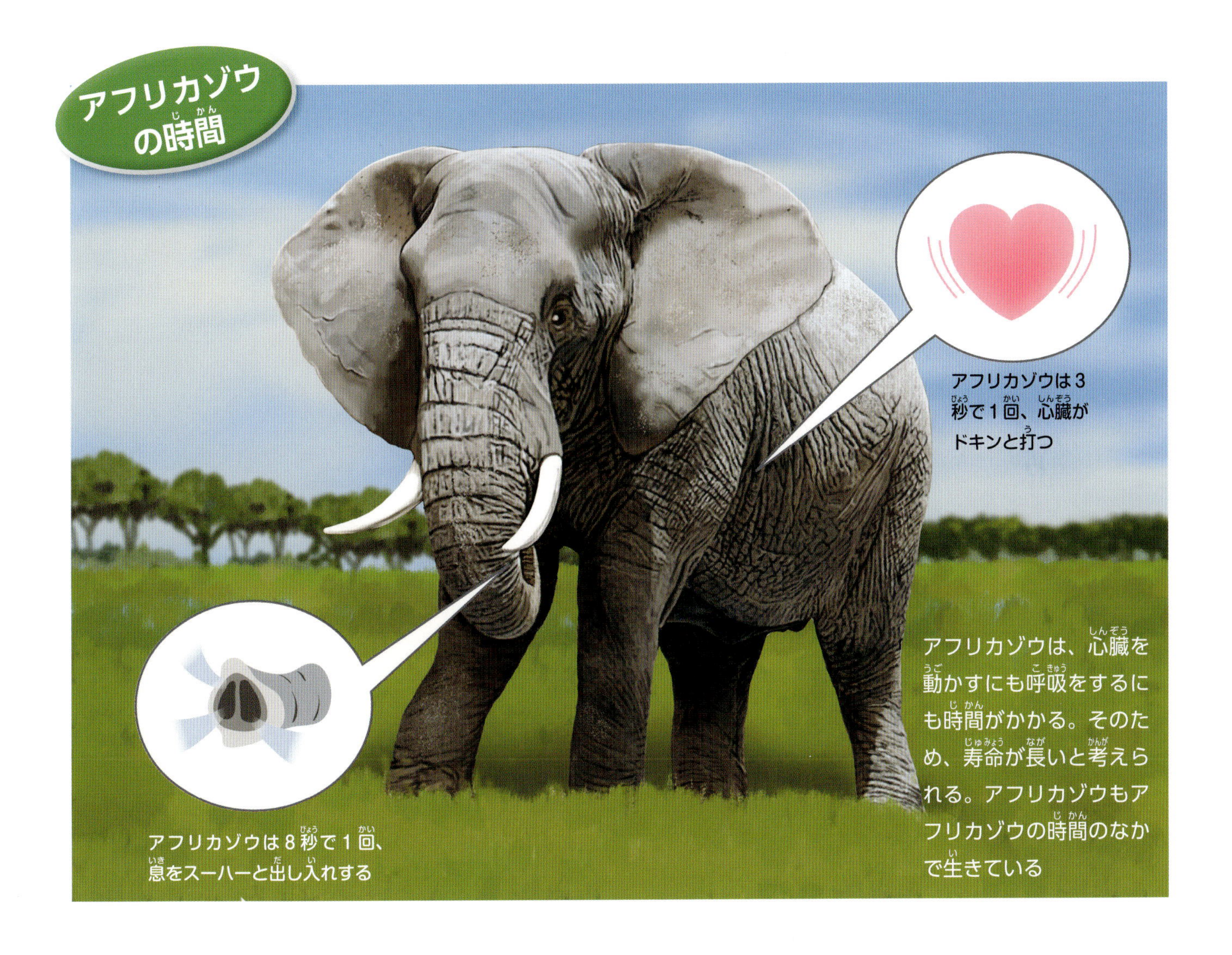

アフリカゾウの時間
アフリカゾウは3秒で1回、心臓がドキンと打つ
アフリカゾウは、心臓を動かすにも呼吸をするにも時間がかかる。そのため、寿命が長いと考えられる。アフリカゾウもアフリカゾウの時間のなかで生きている
アフリカゾウは8秒で1回、息をスーハーと出し入れする

ほ乳類では15～20億回」という考え方があります。ハツカネズミの心臓が、1回ドキンと打つのにかかる時間は0.1秒ですが、アフリカゾウの心臓は3秒もかかります。そのため、ハツカネズミは、数年で心臓が15～20億回ドキンと打ち、アフリカゾウは何十年もかかるというのです。かかる時間（寿命）は大きくちがいますが、15～20億回、心臓がドキンと打つことは、どちらもあまり変わらないと考えられるのです。

心臓が1回ドキンと打つ時間を、その生き物がもっている特有の時間の単位だとすると、ハツカネズミの3年という一生とアフリカゾウの80年という一生は、あまりちがわないのかもしれません。わたしたちはふだん、1秒や1分など人間が決めた時間の感覚で生きていますが、生き物はそれぞれ自分たちがもつ、特有の時間の感覚があるのです。

時間と冬眠・乾眠

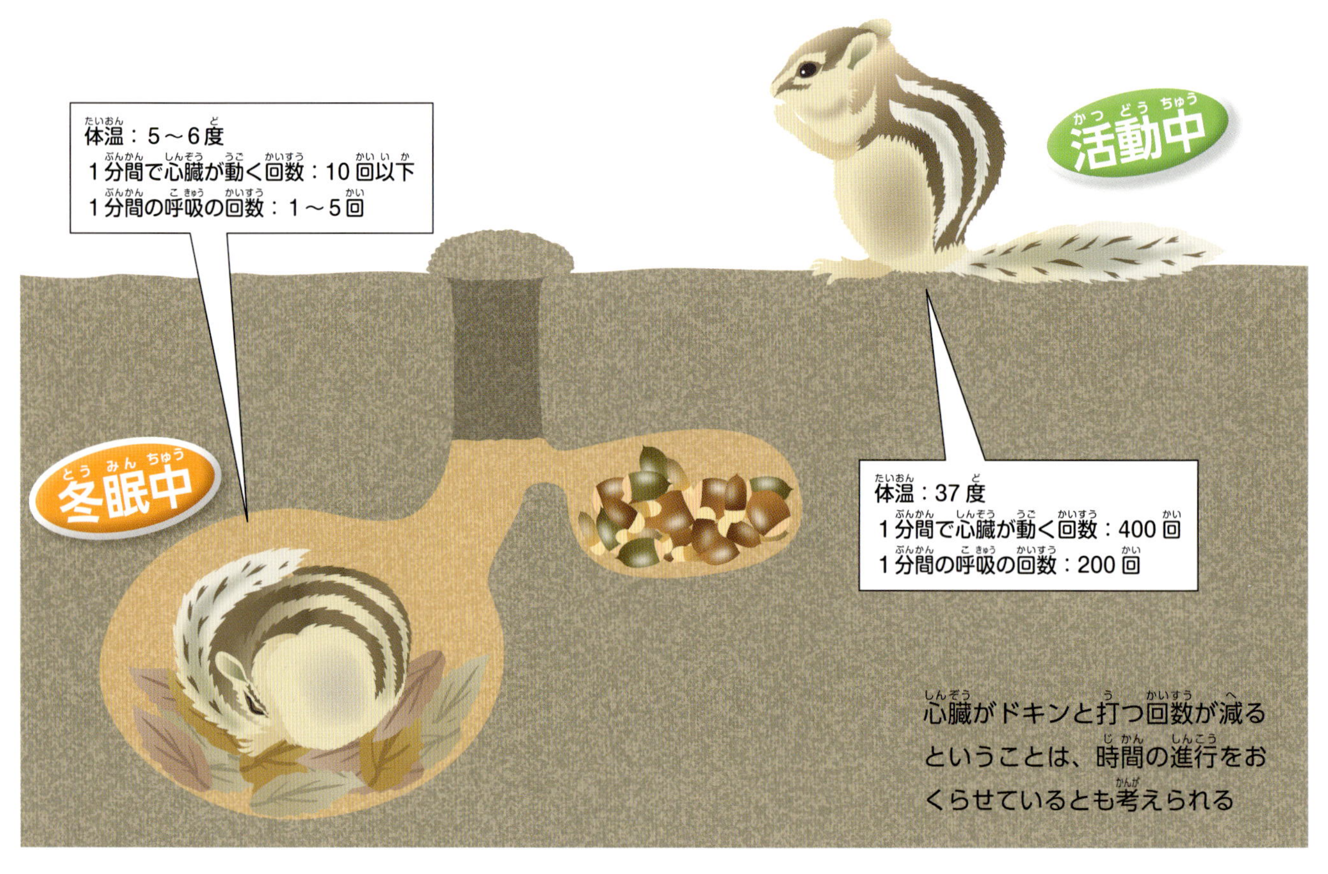
体温：5～6度
1分間で心臓が動く回数：10回以下
1分間の呼吸の回数：1～5回
活動中
冬眠中
体温：37度
1分間で心臓が動く回数：400回
1分間の呼吸の回数：200回
心臓がドキンと打つ回数が減るということは、時間の進行をおくらせているとも考えられる

時間をおくらせる「冬眠」

野生のリスは、冬が近づくと見かけなくなります。これは、木の穴の中や、土にほった穴の中で「冬眠」の準備を始めたからです。動物は、からだを成長させるためや休ませるために「睡眠」をとります。冬眠は睡眠とちがい、食べものが少ない冬をのりきるために、活動をしなくなることです。リスだけではなく、ヘビやコウモリ、クマなど多くの動物が冬眠を行います。

冬眠中は、体温が下がります。呼吸や心臓がドキンと打つ回数も、ふだんの10分の1以下に減ってしまいます。ふつう動物は、体温が20度より下がると心臓が動かなくなってしまいます。冬眠中の動物には0度近い体温になるものもいますが、心臓はゆっくり動いています。そして、暖かな春になると、冬眠をやめて活動を始めるのです。

「ほ乳類の心臓がドキンと打つ回数は、一生のあいだに15～20億回」という考え方からすると、心臓がドキンと打つ回数が10分の1以下に減ってしまう冬眠は、時間の進行をおくらせていると考えることもできます。冬眠は動物がもつふしぎな能力です。

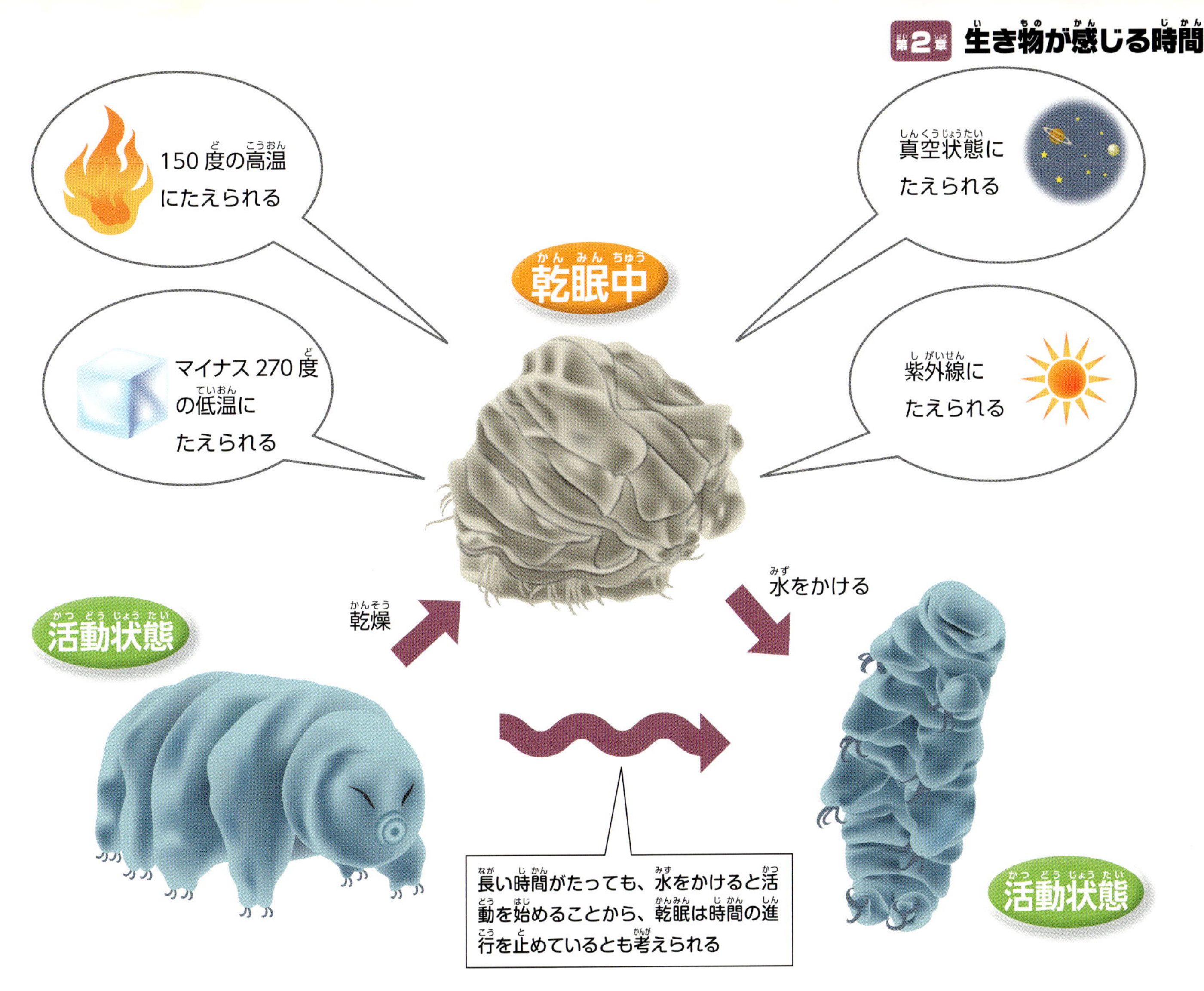
150度の高温
にたえられる
真空状態に
たえられる
乾眠中
マイナス270度
の低温に
たえられる
紫外線に
たえられる
水をかける
乾燥
活動状態
活動状態

長い時間がたっても、水をかけると活動を始めることから、乾眠は時間の進行を止めているとも考えられる

時間を止める？「乾眠」

クマムシは、0.5～1ミリメートルほどの小さな生き物で、ほかの動物や植物の体液を吸って生きています。じつは身近にもたくさん生息していて、とくにしめったコケを好みます。寿命は10日ほどとたいへん短いですが、このクマムシはとてもふしぎな能力をもっています。

クマムシは水分のまったくないところに置かれると、干からびて死んだようになります。しかし、これは死んでいるのではなく「乾眠」という状態になっているのです。乾眠はクマムシがもつ特別な能力で、この状態になると、150度もの高温にも、マイナス270度もの低温にもたえることができます。また、空気がない真空状態の中でも、生物に害がある紫外線の中でも生きることができるのです。

30年間も乾眠状態にあったクマムシに、水をかけてみたところ、ふたたび活動をし始めたという報告もあります。乾眠しなかった場合の10日ほどの寿命からすると、30年は寿命の1000倍もの時間を生きのびたことになります。クマムシは乾眠することで、自分の時間の進行を止めて、未来にタイムトラベルしているともいえます。

第3章 ヒトのからだと時間

「腹時計」って何？

3
2
7
11
9

血液の中の栄養分が減ってくると、脳はおなかがすいたと感じる

血液の中の栄養分が増えると、脳は満腹だと感じる

昼ごはんの時間が近づいてきたころ、おなかが「グーッ」となったことはありませんか？ 「グーッ」となっておなかがすいてくると、もうすぐ昼ごはんの時間だと、時計を見なくてもわかることがありますね。これが「腹時計」と呼ばれるものです。

食事をすると食べた物は分解され、血液の中に栄養分として入ります。すると、血液の中の栄養分をはかっている脳が満腹だと感じますが、時間がたって、この栄養分が減ってくると、脳はおなかがすいたと感じます。そして脳は、胃の中の食べカスを腸へ移動させるため、胃の伸び縮みを活発にさせます。このとき空気も移動するため、「グーッ」とおなかがなるのです。

腹時計で知ることができる時間は、満腹のときからおなかがすいた状態までの時間なのですが、あまり正確ではありません。食べた物が栄養分になって血液の中に入る時間は、食べ物によってちがいます。また、おいしそうな食べ物を見ると、急におなかがすいたように感じることもあるからです。

腹時計のほかにも、ヒトのからだは時間と深いかかわりをもっています。第3章では、ヒトのからだと時間の関係について、見ていきましょう。

体内時計と時差ぼけ

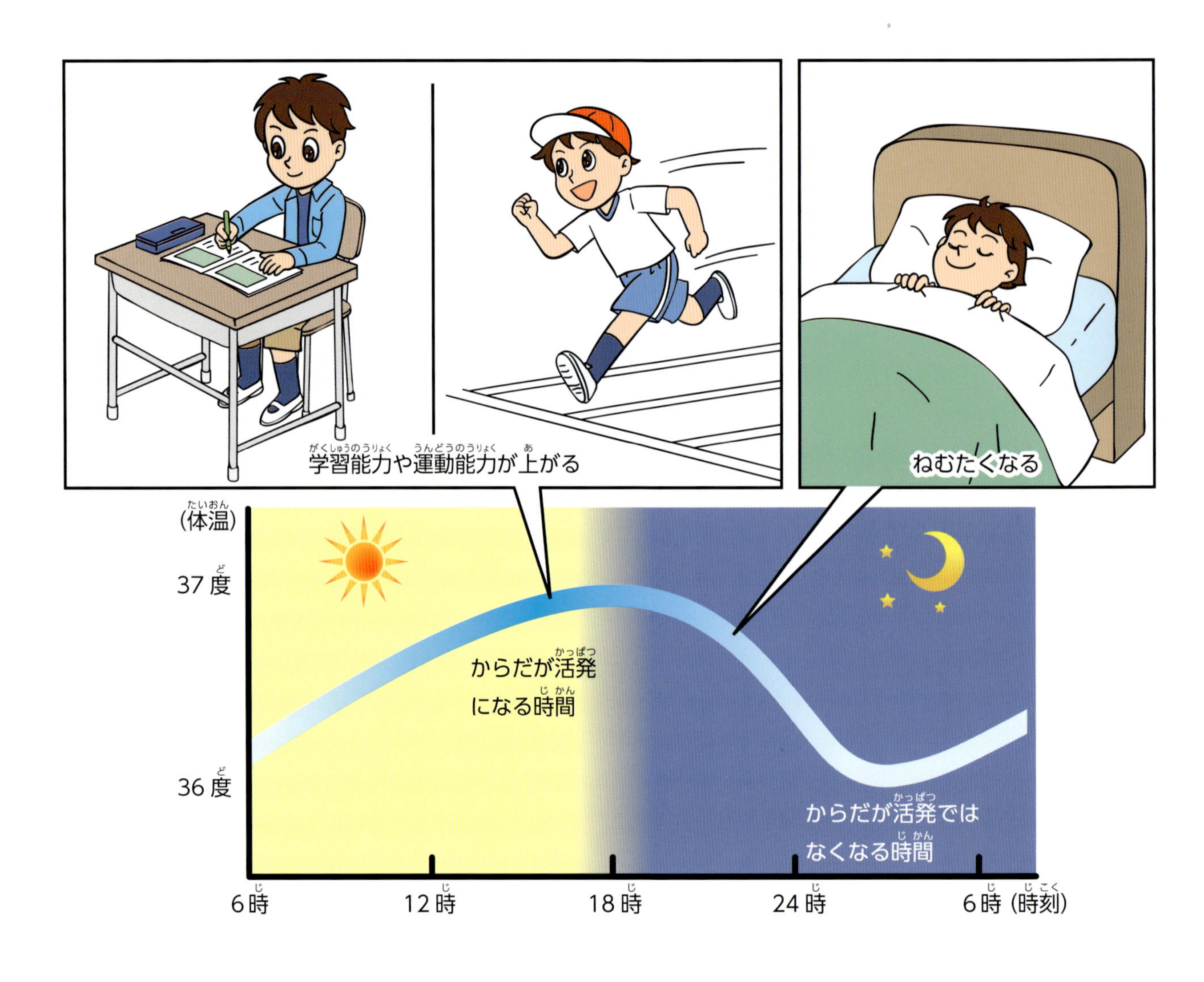
学習能力や運動能力が上がる
ねむたくなる
(体温)
37度
36度
からだが活発
になる時間
からだが活発では
なくなる時間
6時
12時
18時
24時
6時
(時刻)

からだの活動に影響をあたえる体内時計

ほとんどの生き物は、自分のからだの中に1日の時刻をはかるしくみである「体内時計」をもっています。もちろんヒトも体内時計をもっています。この体内時計、じつは体温などからだの活動に大きな影響をあたえています。

たとえば、ヒトの体温は朝おきたときから上がっていって、夕方にもっとも高くなり、そのあと夜にかけて下がっていきます。この変化は、ヒトが活動する時間帯に、活発にからだが動くよう、体内時計によってつくられたリズムです。

じっさい、陸上競技などのスポーツでは、からだが活発になる前の午前中に新記録がでることはなかなかありません。また、夜になって体温が下がってくると、ヒトのからだは活発に動けなくなり、からだを休めるためにねむたくなります。

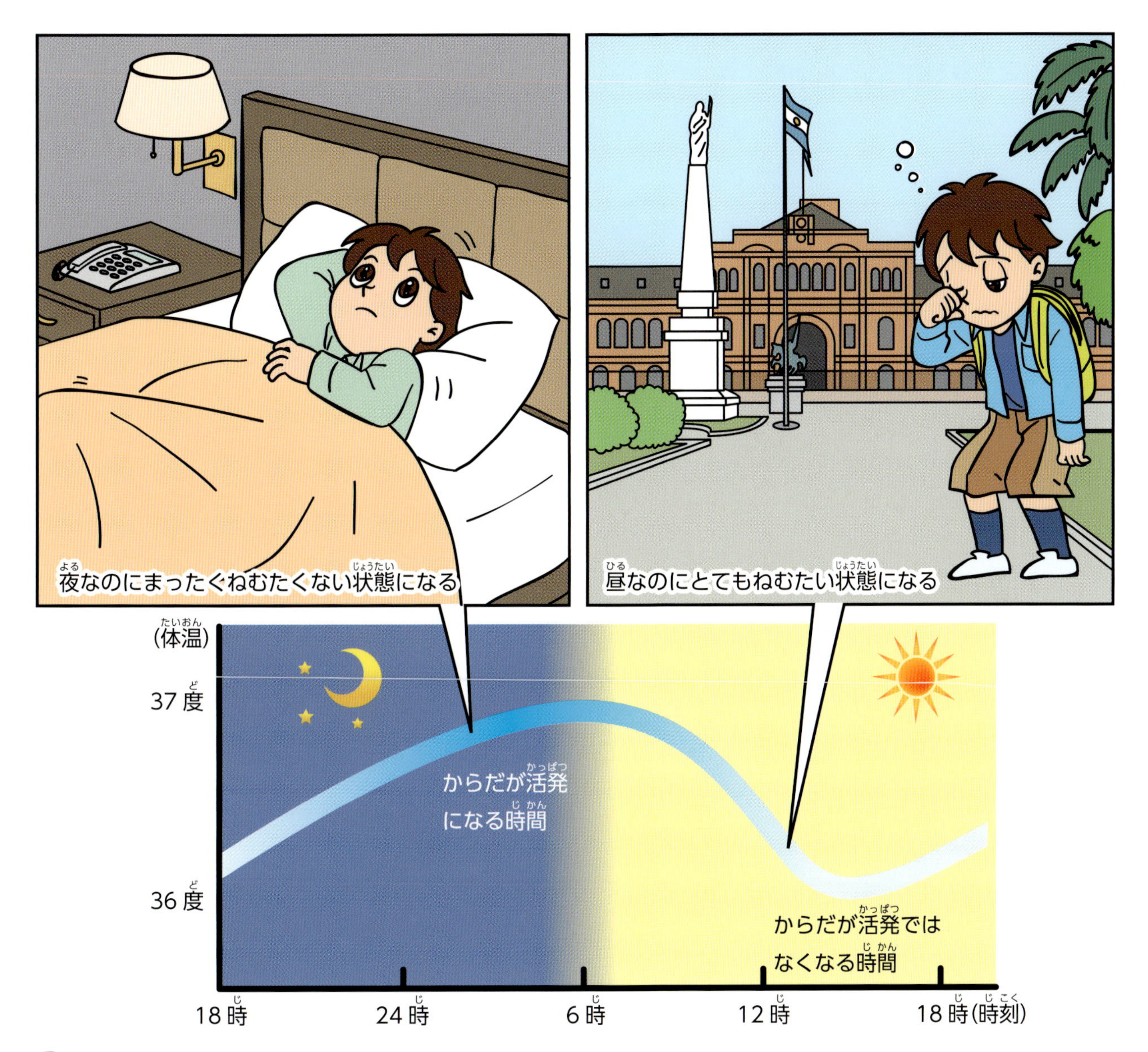

夜なのにまったくねむたくない状態になる
昼なのにとてもねむたい状態になる
(体温)
37度
36度
からだが活発になる時間
からだが活発ではなくなる時間
18時
24時
6時
12時
18時(時刻)

からだのリズムがくるう時差ぼけ

ヒトのからだは、体内時計によるリズムによって、体温などが変化していきます。しかし、この体内時計によっておこるからだの変化のリズムが、じっさいの時間とずれると、からだの調子が悪くなります。このことを「時差ぼけ」といいます。時差ぼけになると、じっさいは夜なのにねむたくない状態になったり、昼なのにとてもねむたい状態になったりします。

もっとも時差ぼけになりやすいのは、海外旅行に行ったときです。地球は丸く、太陽の光があたる半分だけが昼間になるため、世界各国にはその国が決めた時間（標準時：→『①見える〈時間〉くらしに役立つ時計と暦』p.26）があります。たとえば、アルゼンチンのブエノスアイレスは、日本との時差が 12 時間もあるため、日本の標準時にあった体内時計のまま、ブエノスアイレスへ移動したとすれば、体内時計も 12 時間ずれていることになります。

体内時計と病気

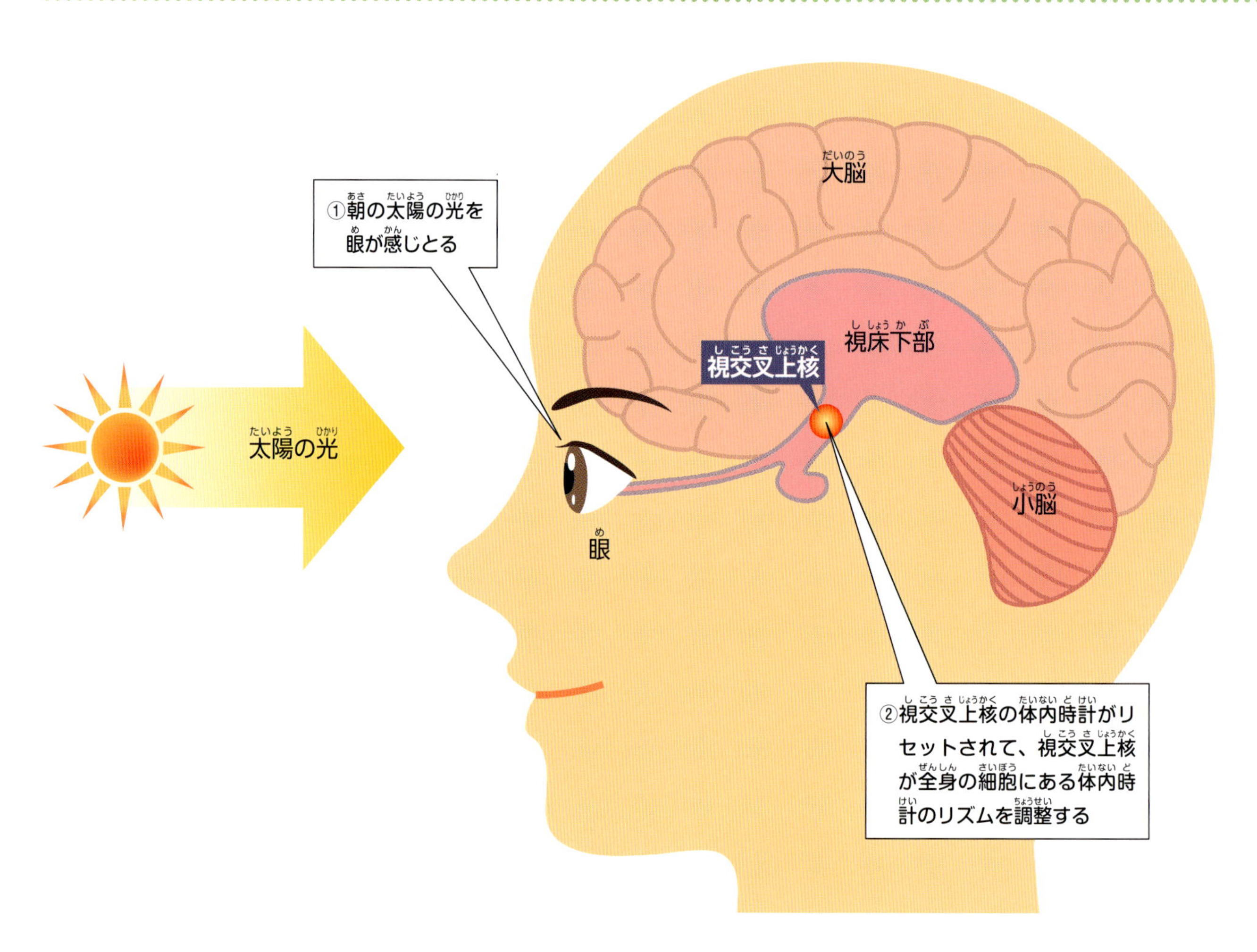
①朝の太陽の光を眼が感じとる
大脳
視床下部
視交叉上核
太陽の光
眼
小脳
②視交叉上核の体内時計がリセットされて、視交叉上核が全身の細胞にある体内時計のリズムを調整する

主時計と末梢時計

体内時計は、からだの細胞の１つひとつにあり、１日のリズムをつくりだしています。しかし、ヒトがもつ体内時計は、ほうっておくと少しずつ後ろにずれていきます。じつは、ヒトの体内時計は 24 時間ちょうどを刻んでいるのではなく、24 時間より少し長い周期を刻んでいるのです。このずれを調整するのに必要なものは、太陽の光です。

脳にある視床下部*の中に、「視交叉上核」という部分があります。この視交叉上核は、細胞の１つひとつにある体内時計をまとめる司令塔のような体内時計なのです。視交叉上核は眼に神経がつながっていて、朝の太陽の光を眼が感じとると、視交叉上核の体内時計がリセット*されて、ずれが調整されます。そのあと、視交叉上核が全身の細胞にある体内時計のリズムを調整するのです。

視交叉上核の体内時計を「主時計」といい、細胞１つひとつにある体内時計を「末梢時計」といいます。

*視床下部：体温調節など生きていくうえで重要な機能をつかさどる部分

*リセット：最初の状態にもどすこと

悪影響をおよぼす体内時計のずれ

ヒトの体内時計が後ろにずれやすいことは、夜ふかしを考えるとわかりやすいです。朝早くおきることにくらべると、夜ふかしするほうが楽ですね。ただ、このように夜ふかしをして、朝おそくまで寝ている生活をしていると、体内時計がずれて、時差ぼけの状態になります。時差ぼけは、海外旅行に行ったときだけではなく、ふだんの生活のしかたによってもおこるのです。

このような生活をしていると、体調が悪くなるだけではなく、さまざまな病気になることがわかってきました。

睡眠・気分障害
気分が落ちこむなど、さまざまな障害をおこす
肥満・糖尿病
からだが太り、糖尿病*などをおこす
脳卒中
脳の血管がつまったりやぶけたりする
がん
がん細胞ができ、さまざまな症状をおこす

不規則な生活をしていると体内時計がずれて、さまざまな病気になる

体内時計を利用した治療

体内時計のはたらきによって、ヒトのからだは1日の時間のなかで、体温のほかにもいろいろなことが変化している。また、病気の症状も1日の時間の流れのなかで変化している。これらの変化を病気の治療に役立てることもできる

がん患者のがん細胞をやっつける抗がん剤は、がん細胞以外の悪いところのない細胞までやっつけてしまう。そのため副作用*が強い。しかし、ヒトの細胞があまり増えない明け方などの時間帯に抗がん剤を使えば、副作用をおさえることができる

ぜんそくの発作*は、深夜から明け方にかけておこりやすい。そのため、薬の効果があらわれる時間帯を、症状がひどくなる時間帯にあわせて、薬を使用すれば、少ない薬の量で症状をおさえることができる

*糖尿病：血液の中の糖分をコントロールできなくなる病気で、さまざまな重い病気をまねく
*発作：一時的におこる病気の症状
*副作用：薬によっておこる、本来の目的とはちがう効果

ヒトの寿命

江戸時代
平均寿命約40歳
江戸時代はヒトのからだを調べる技術が低い
江戸時代の食事は栄養価が低い
現在
平均寿命80歳以上
現在はヒトのからだの中まで調べることができる
現在は栄養価の高いさまざまな食べ物がある

ヒトの寿命が長い理由

日本人の平均寿命は80歳以上もあり、100歳をこえて元気なお年寄りもたくさんいます。「一生のあいだに心臓がドキンと打つ回数は、ほ乳類では15～20億回」という考え方からすると、ヒトの寿命はそれをこえて、とても長すぎるといえます。これはなぜでしょう？

じつは、むかしのヒトは今よりもずっと寿命が短かったのです。江戸時代の平均寿命はおよそ40歳です。そのころは、今とくらべて栄養価の低い食べ物が多く、衛生状態も悪かったのです。とくに病気を予防したり治療したりする医療技術は、現在と大きな差があります。ヒトの寿命がとても長いのは、栄養価の高い食べ物や高い医療技術をもっているためです。

それでは医療技術がもっと発達したら、200歳をこえるヒトがあらわれるのでしょうか？残念ながら、ヒトの寿命には限界があると考えられています。

必ず老化するヒト

ヒトは年をとると「老化*」していきます。もしも老化しなければ、心臓やからだを動かしている筋肉がおとろえることもありません。また、病気をおこすウイルスや細菌からからだを守るしくみである免疫のはたらきも低くなりません。そうすれば、ヒトはいつまでも健康に生きていくことができます。しかし、老化は必ずおこります。

老化は、ヒトのからだを活動させるために使った細胞が、傷つき、増えにくくなったことでおこりますが、老化の原因はそれだけではありません。じつは、ヒトのからだの設計図である遺伝子によって、老化が必ずおこるように決まっているのです。そのため、ヒトのからだの機能は必ずおとろえて、最後には「死」をむかえます。

老化することで、筋肉がおとろえる

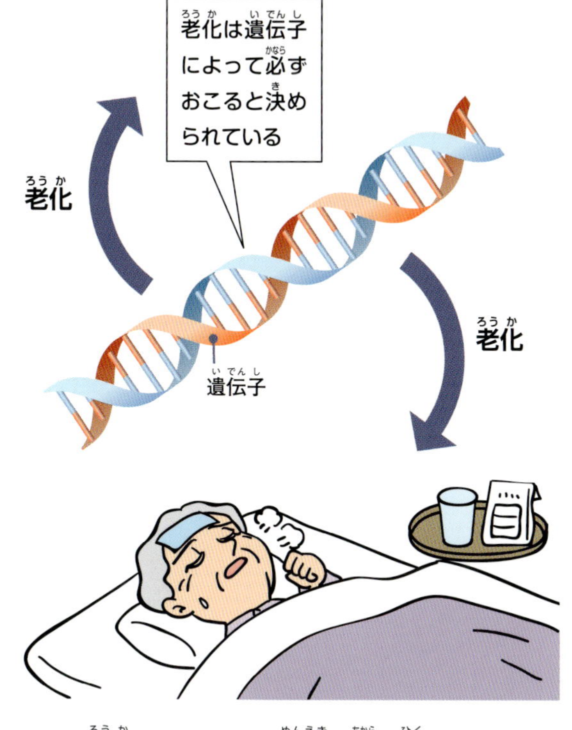
老化は遺伝子によって必ずおこると決められている
老化
老化
遺伝子
老化することで、免疫の力が低くなる

遺伝子を残すために必要な寿命

ヒトは必ず老化して、死をむかえる。そうなるように遺伝子によって決められているからだ。しかし、遺伝子にはなぜ老化して死ぬように決められているのだろう？それは「死」が遺伝子を残していくことに有利だからである。もしヒトに「死」がなく、生きつづけることができたら、ヒトは増えつづけることになる。すると、食料が足りなくなり、やがてすべてのヒトが死んでしまうことになるかもしれない。そうなると、ヒトの遺伝子はとだえてしまうことになる。また、「死」がないということは、生き物はずっと同じすがたをしていて、ずっと同じ特ちょうをもつことになる。そのような同じ特ちょうをもった生き物だけだったら、生活環境が変わったときに対応できず、やがてみんな死んでしまうかもしれない。そうなると、生き物の遺伝子はとだえてしまうことになる

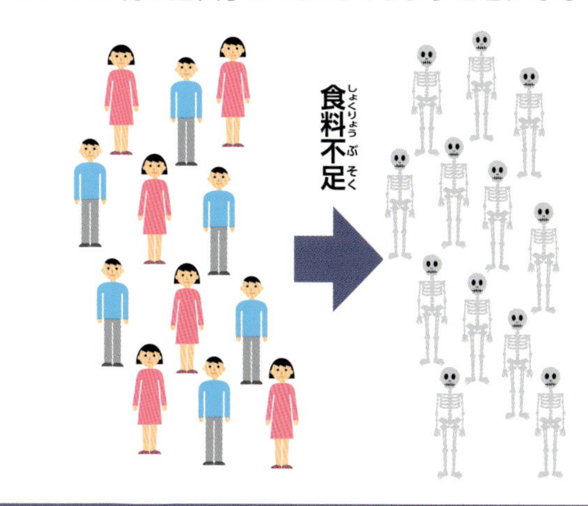
食料不足

*老化：年をとることによって、からだの機能がおとろえること

時間と記憶

記憶する力がある
朝だ！ 今日もがんばろう
朝の状態を記憶できる
もう夕方かー！
時間の変化を感じられる
記憶する力がない
明るいなー
朝の状態を記憶できない
暗いなー
時間の変化を感じられない

時間を感じとる記憶

大むかしのヒトは、自然界に見られるくり返しの運動を見て、時間を知りました。自然界に見られるくり返しの運動とは、太陽が朝になると東の方角からのぼり、夕方になると西の方角にしずむことなどです。つまり、太陽の位置の変化を見て、時間を感じたのです。

ヒトにはものごとを記憶する力があります。もし、この記憶する力がなければどうなるでしょう？　太陽のくり返しの運動を例にして考えてみましょう。朝、東の方角にある太陽を見たとします。しかし、記憶することができなければ、夕方に西の方角にある太陽を見ても、その位置の変化に気づきません。つまり、時間を感じられなくなってしまうのです。

時間は、何かが変化したことでしか、感じることができません。変化を感じるためには、ある時点での状態と、もう１つ別の時点での状態をくらべなければなりません。そのためには、

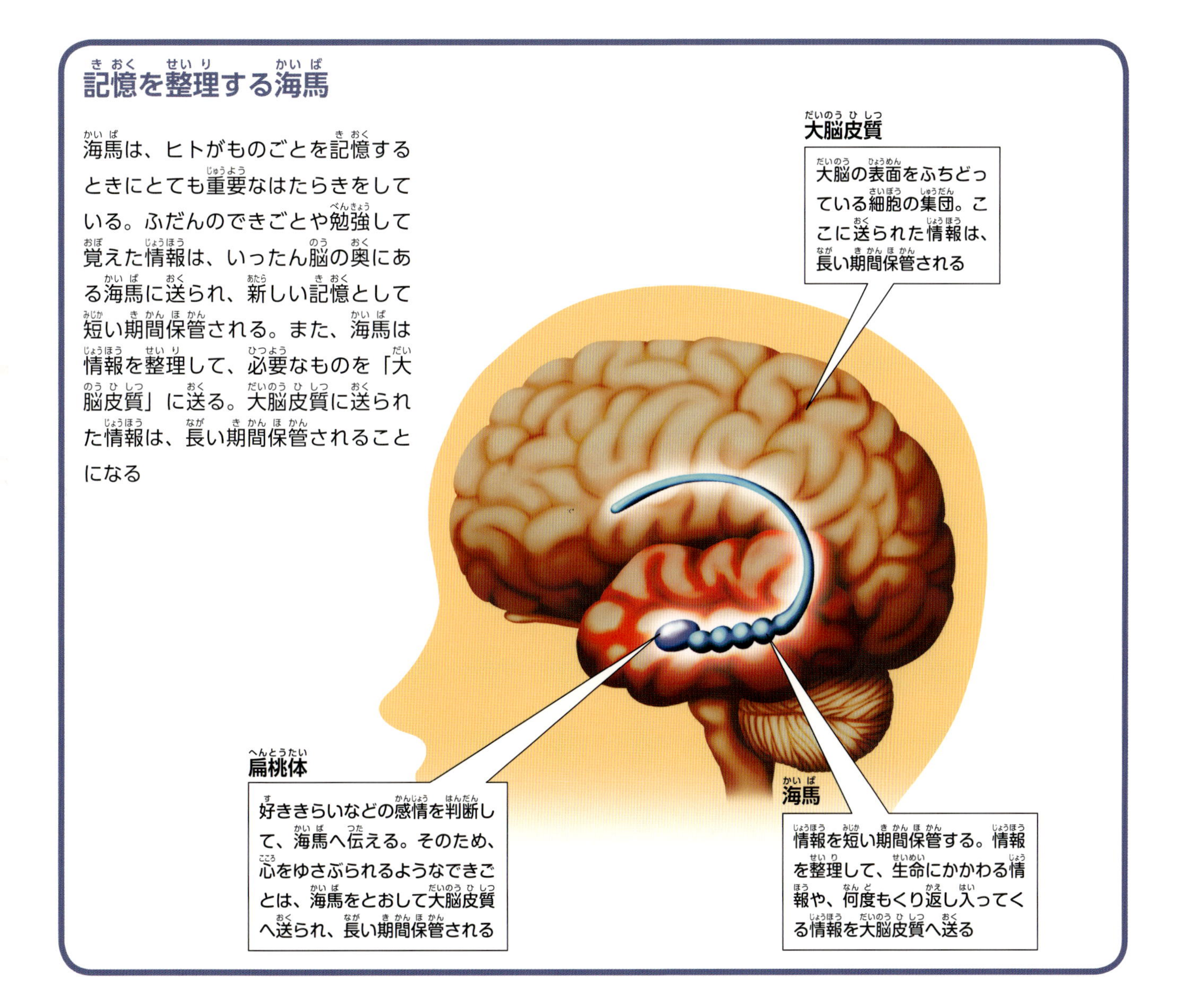
記憶を整理する海馬
海馬は、ヒトがものごとを記憶するときにとても重要なはたらきをしている。ふだんのできごとや勉強して覚えた情報は、いったん脳の奥にある海馬に送られ、新しい記憶として短い期間保管される。また、海馬は情報を整理して、必要なものを「大脳皮質」に送る。大脳皮質に送られた情報は、長い期間保管されることになる
大脳皮質
大脳の表面をふちどっている細胞の集団。ここに送られた情報は、長い期間保管される
扁桃体
好ききらいなどの感情を判断して、海馬へ伝える。そのため、心をゆさぶられるようなできごとは、海馬をとおして大脳皮質へ送られ、長い期間保管される
海馬
情報を短い期間保管する。情報を整理して、生命にかかわる情報や、何度もくり返し入ってくる情報を大脳皮質へ送る

ある時点での状態を覚えておく必要があります。時間を感じるためには、記憶する力が絶対に必要なのです。

ヒトは脳にある「海馬」という部分でものごとを記憶しています。この海馬が何かのきっかけで機能しなくなってしまうと、記憶する力がなくなってしまいます。じっさいに、交通事故によって海馬が傷ついてしまった人がいました。海馬が傷ついて機能しなくなってしまった以外は、目立った障害はありませんでした。事故がおこる前のことは覚えていましたし、ふつうにものごとを考えることができ、数字の計算も会話もできました。しかし、注意を別のことにうつしてしまうと、その瞬間にそれまで考えていたことをすべて失ってしまうのです。これは、前の状態を覚えていることができず、時間を感じることができなくなってしまったということです。

心が感じる時間

子ども
初めての授業を受ける
Hello!
子どもは新しい体験を多くするので、1年が長く感じられる
初めて大ゲンカをする
初めて行った海
長く感じられる子どもの1年
新しい友だちに出会う
Fin
初めて感動して泣く
新しく始めたしゅ味
初めての恋
新しく覚えた遊び

新しい体験が時間を長くする

みなさんは、「この1年はあっという間にすぎた」などとおとなが言っていることを聞いたことはありませんか？　1年は365日、これはだれでも同じですが、なぜおとなはこんなことを言うのでしょう？　じつは、時間は時と場合によって、感じ方が変わってくるのです。本当の時間と心が感じる時間はちがうのです。

時間の流れる速さを感じることは、新しい体験と深くかかわっています。子どものころは、授業で新しく覚えなければいけないことがたくさんありますし、初めて行く場所もたくさんあります。クラスがえなんかがあると、それまで親しくなかった新しい友だちにもめぐり会います。このような新しい体験が多ければ、それだけ脳が活発にはたらき、たくさんの記憶をつくっていきます。

おとな

おとなは前に経験したことをくり返すことが多いため、1年が短く感じられる

新しい出会いが少ない

前に同じようなものを見ている

新しい場所へ行くことが少ない

おとなは長く生きている分、たくさんの経験をすでにしているため、前に経験したことをくり返すことが多くなります。そうすると、脳で新しい記憶をつくる活動が減ってしまいます。

心が感じる時間の長さは、新しい経験により新しい記憶をつくる回数によって、ちがってくると考えられているため、子どもとおとなでは、1年の長さの感じ方がちがってくるのです。

心の状態と時間

心が感じる時間の長さが変わってくるのは、新しい体験だけではありません。みなさんは、こわい思いをしたときや、いやな思いをしたときに、時間を長く感じたことはありませんか？

ヒトはそんなとき、速く時間がすぎてほしいと思うものです。しかし、時間を意識すればするほど、時間がたつのはおそく感じてしまうのです。

いっぽうで、楽しいと感じられる時間や、何かに熱中しているときは、あっという間に時間がすぎてしまったように感じられます。

このように、そのときの心の状態によっても、時間の流れる速さの感じ方は変わってきます。

つらい時間は長く感じる

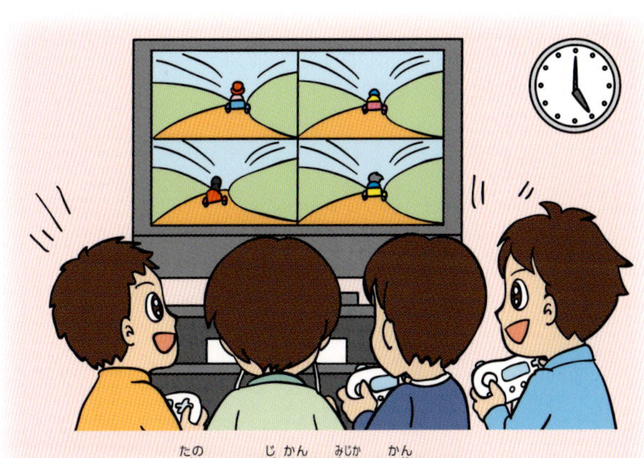

楽しい時間は短く感じる

時間と錯覚

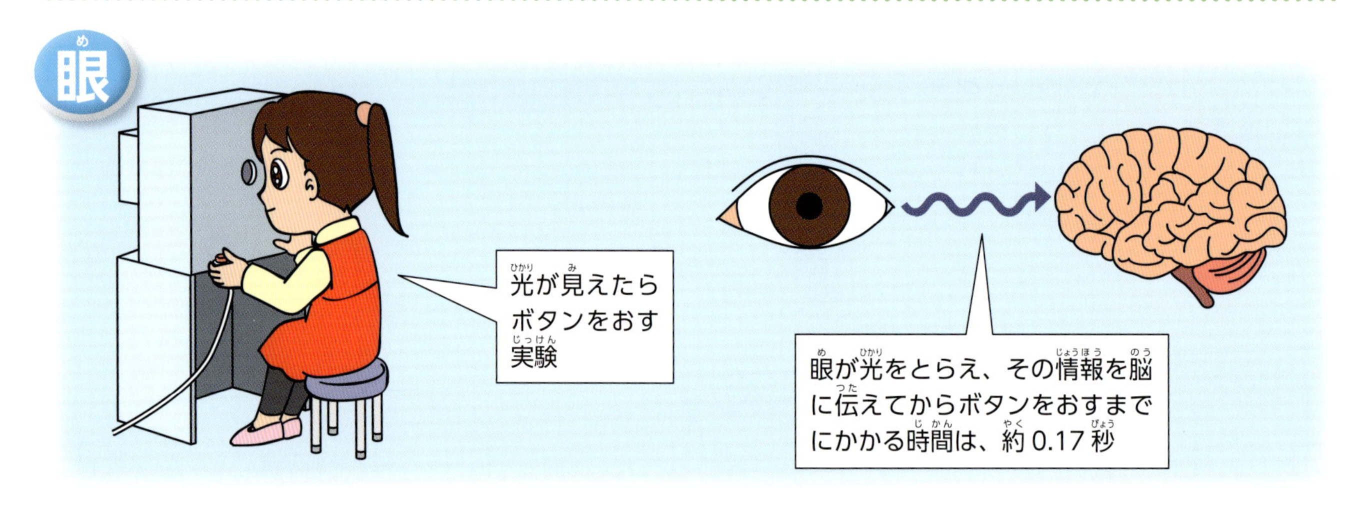
眼
光が見えたらボタンをおす実験
眼が光をとらえ、その情報を脳に伝えてからボタンをおすまでにかかる時間は、約 0.17 秒

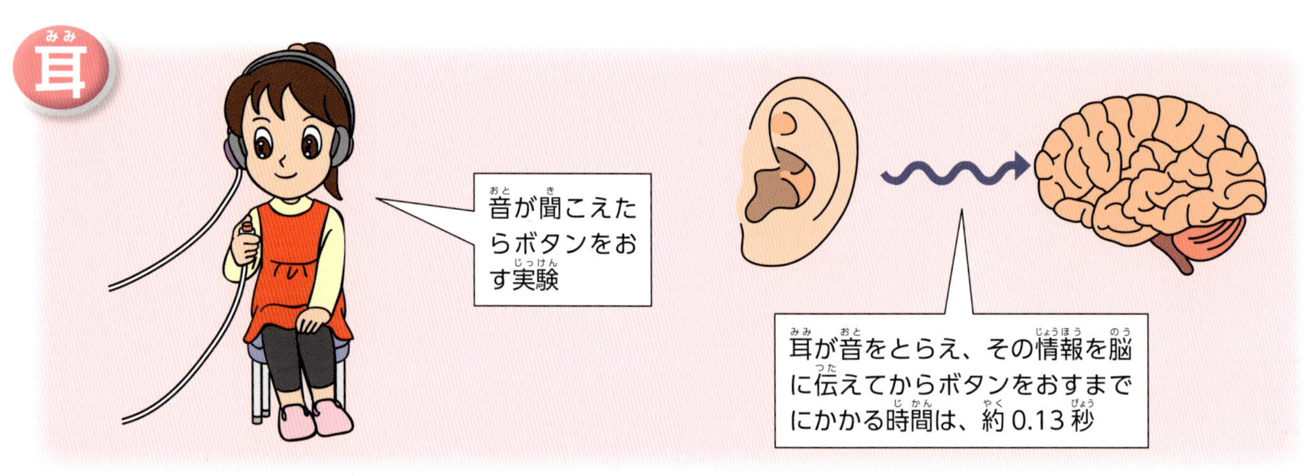
耳
音が聞こえたらボタンをおす実験
耳が音をとらえ、その情報を脳に伝えてからボタンをおすまでにかかる時間は、約 0.13 秒

情報を脳に伝える時間

わたしたちは、目の前に何かがあらわれたとき、一瞬のうちにその何かが見えているように感じていますが、その一瞬にも一定の時間が必要です。ヒトの眼がとらえた情報を脳に伝えるまでの時間は、ゼロではないのです。

情報を脳に伝えるために時間が必要なものは、眼だけではありません。たとえば、耳がとらえた情報を脳に伝えるときも、とても短いですが時間がかかっています。

この眼が脳に情報を伝える時間と、耳が脳に情報を伝える時間は、じつは同じではありません。脳科学者のエルンスト＝ペッペル博士は、光や音が感じられたら、すぐにボタンをおすという実験を行いました。すると、光を感じてボタンをおすまでには、平均で 0.17 秒かかったのに対し、音を感じてボタンをおすまでにかかった時間は、平均で 0.13 秒でした。つまり、耳がとらえた音の情報の方が、眼でとらえた光の情報より、脳へ速く伝わるのです。

このような脳に情報を伝える時間のずれは、

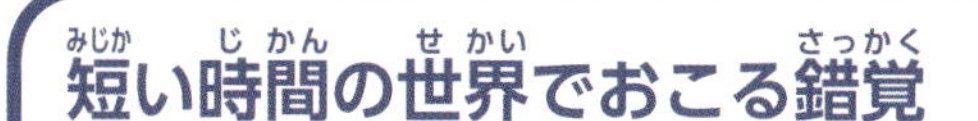

短い時間の世界でおこる錯覚

眼と耳が脳に情報を伝える時間のずれでおこる錯覚の１つに、「サウンド・インデュースト・フラッシュ」というものがある。これは光を１回点滅させるのと同時に、音を２回鳴らすと、光が２回点滅したように見えるという錯覚

じっさいは……
ドン
ドン
ピカッ
音を２回鳴らす
光を１回点滅させる
錯覚する……
ドン
ドン
ピカッ
ピカッ
光が２回点滅したように見える
音が２回聞こえる

ふだんの生活ではまったく感じることはありません。しかし、とても短い時間の世界では、錯覚*となって感じられます。

科学が発展していくにつれて、ヒトの生活はどんどん高速化しています。しかし、情報を脳へ伝える速さが、今以上に速くなることは考えられないため、ヒトが安全な暮らしを送るためには、ヒトが正しく感知できる時間についても考える必要があるといえます。

反応時間はいろいろさ

考えたのはどんな人?

エルンスト＝ペッペル 博士

(1940 年〜)

ドイツの脳科学者。眼や耳にしげきをあたえて、そのしげきが脳に伝わる時間を調べる実験を行った。また、さまざまな実験から、「人間が感知できる一番短い時間は 100 分の３秒であり、人間が感知できる一番長い時間は３秒である」という説を導き出した

*錯覚：ヒトが見たり聞いたりした情報が、じっさいとはちがって感じられること

さくいん

※ 赤文字の用語は、＊で説明を補っています。

監修

山口大学 時間学研究所（やまぐちだいがく じかんがくけんきゅうじょ）
生物学・医学・物理学・心理学・哲学・社会学・経済学などさまざまな分野の専門家が所属し、新しい学問としての「時間学」をつくるために研究を行っている。

著者

藤沢 健太（ふじさわ けんた）
1967年生まれ。東京大学大学院理学研究科修了。理学博士。宇宙科学研究所COE研究員、通信・放送機構国内招へい研究員、国立天文台助手、山口大学助教授・准教授を経て、山口大学教授・時間学研究所所長。著書に、『時間学概論』（共著）。

井上 愼一（いのうえ しんいち）
1945年生まれ。東京大学大学院理学系研究科修了。理学博士。三菱化成生命科学研究所脳神経生理学研究室研究員、山口大学理学部教授を経て、現在は山口大学時間学研究所客員教授。著書に、『脳と遺伝子の生物時計』ほか。

イラスト（p.4～5、p.14～15、p.24～25）

古沢 博司（ふるさわ ひろし）
長野県生まれ。大阪芸術大学デザイン科卒業。おもに動物・昆虫・恐竜などのネイチャーイラストと乗り物に関係するイラストを得意とし、近年は医学分野のイラストも手がけている。

イラスト（p.6～13、p.16～23、p.26～37）

関上 絵美（せきがみ えみ）
東京都在住。立教大学卒業。リアルイラストからキャラクターまで幅広い作風をもち、各種雑誌・書籍・広告・パッケージなど多方面にわたってイラストの制作を手がけている。二科展イラスト部門受賞歴あり。

企画・編集・デザイン

ジーグレイプ株式会社

この本の情報は、2016年5月現在のものです。

参考図書

『時間学概論』著／藤沢 健太、青山 拓央、鎌田 祥仁、松野 浩嗣、井上 愼一、一川 誠、森野 正弘、石田 成則　監修／辻 正二　編集／山口大学時間学研究所　恒星社厚生閣　2008年
『ゾウの時間 ネズミの時間―サイズの生物学』著／本川 達雄　中央公論社　1992年
『一生の図鑑』監修／阿部和厚　学研教育出版　2011年

本書とあわせて読みたい本

『絵ときゾウの時間 ネズミの時間』著／本川達雄　福音館書店　1994年
『時間とは何か』著／池内 了、イラスト／ヨシタケ シンスケ　講談社　2008年

ふしぎ？ふしぎ！〈時間〉ものしり大百科
③感じる〈時間〉 生き物のからだと時間

2016年 8月10日　初版第1刷発行　〈検印省略〉

定価はカバーに
表示しています

監修　山口大学 時間学研究所
著者　藤沢 健太
　　　井上 愼一
発行者　杉田 啓三
印刷者　田中 雅博

発行所 株式会社 ミネルヴァ書房
607-8494 京都市山科区日ノ岡堤谷町1
電話 075-581-5191／振替 01020-0-8076

印刷・製本 創栄図書印刷

ISBN978-4-623-07709-0
NDC449/40P/27cm
Printed in Japan

ヒトのかみの毛・皮ふ・歯・骨の一生

ヒトのからだは、たくさんの細胞が集まってできています。もちろん、ヒトのからだをつくる、かみの毛・皮ふ・歯・骨などのさまざまな組織も細胞が集まってできています。これらの組織は、それぞれ細胞によってつくられてから、ぬけ落ちたり、こわれたりするまでの時間がちがいます。ここでは、その時間を見てみましょう。

●かみの毛

男性：3～5年、女性：約7年

ヒトのかみの毛は、およそ 8 ～ 12 万本はえている。その中の 1 本のかみの毛の一生、つまり、はえ始めてからぬけ落ちるまでは、男性で 3 ～ 5 年、女性で約 7 年の期間がある。1 日にかみの毛は 50 ～ 100 本ぬけている

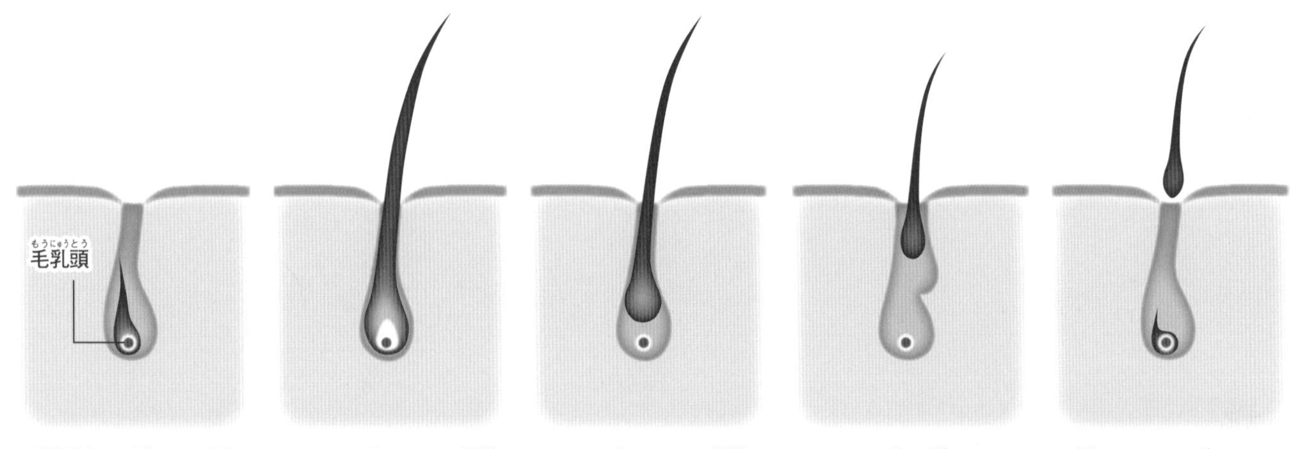

毛乳頭

①毛乳頭から送られた栄養により、かみの毛をつくる細胞が増え始める

②かみの毛をつくる細胞がたくさん増え、かみの毛がのびる

③かみの毛をつくる細胞のはたらきが弱まり、かみの毛の成長がとまる

④かみの毛は細くなり、じょじょに上へおしあげられる

⑤新しいかみの毛ができ始めると、古いかみの毛がぬける

●皮ふ

約 28 日

ヒトの皮ふは、約 28 日で新しい皮ふと入れかわっている。細胞の活動によって、皮ふの下で新しい皮ふ組織がつくられると、その皮ふ組織は上におしあげられて、表面の古い皮ふははがれ落ちる

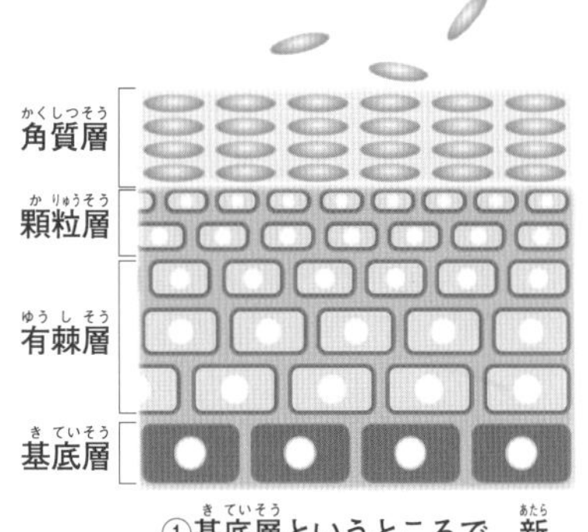

角質層
顆粒層
有棘層
基底層

①基底層というところで、新しい皮ふ組織がつくられる

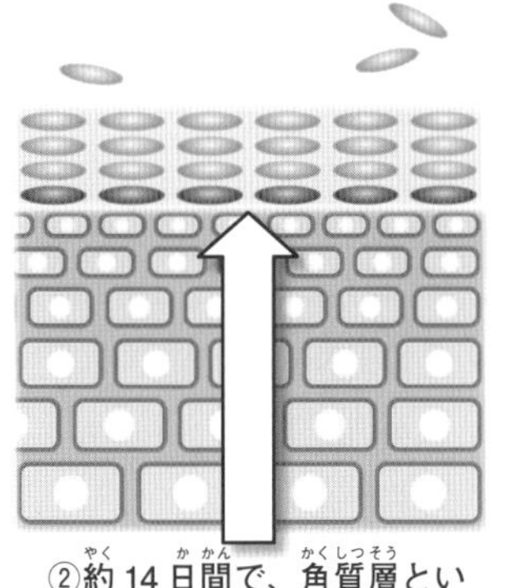

②約 14 日間で、角質層というところにおしあげられる

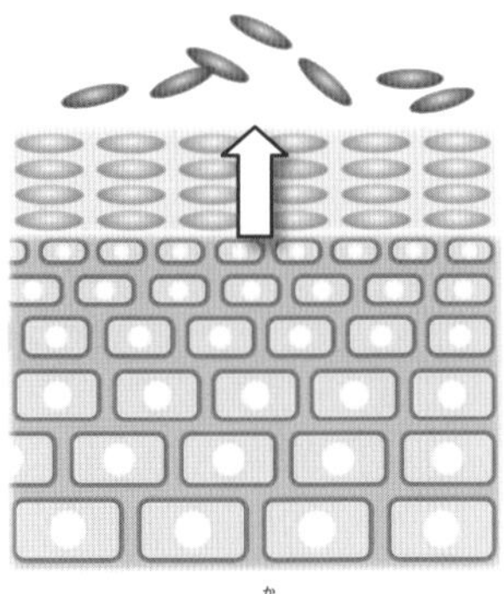

③さらに 14 日ほどたつと、はがれ落ちる